几种氮（氧）化物发光材料的制备及发光性能研究

The Synthesis and Luminescent Properties of (Oxy)nitride Phosphors

王 闯 著

北 京
冶金工业出版社
2023

内 容 提 要

本书详细地介绍了氮（氧）化物发光材料的结构、性质、应用和表征，氮（氧）化物发光材料的研究进展以及利用氮（氧）化物发光材料制备白光 LED 的实验过程和结果等。通过实验分析，旨在向读者展现氮（氧）化物发光材料在固体照明中的作用。

本书可供从事氮（氧）化物发光材料研究的相关科研人员参考使用。

图书在版编目（CIP）数据

几种氮（氧）化物发光材料的制备及发光性能研究/王闯著 . —北京：冶金工业出版社，2023. 3

ISBN 978-7-5024-9386-8

Ⅰ.①几… Ⅱ.①王… Ⅲ.①氮化物—发光材料—性能 ②氮化物—发光材料—制备 Ⅳ.①TB34

中国国家版本馆 CIP 数据核字（2023）第 033882 号

几种氮（氧）化物发光材料的制备及发光性能研究

出版发行 冶金工业出版社		**电　话** （010）64027926	
地　址 北京市东城区嵩祝院北巷 39 号		**邮　编** 100009	
网　址 www. mip1953. com		**电子信箱** service@ mip1953. com	

责任编辑　于昕蕾　卢　蕊　美术编辑　吕欣童　版式设计　郑小利
责任校对　石　静　责任印制　禹　蕊
三河市双峰印刷装订有限公司印刷
2023 年 3 月第 1 版，2023 年 3 月第 1 次印刷
710mm×1000mm 1/16；6.5 印张；126 千字；96 页
定价 **48. 00** 元

投稿电话　**（010）64027932**　投稿信箱　**tougao@ cnmip. com. cn**
营销中心电话　**（010）64044283**
冶金工业出版社天猫旗舰店　**yjgycbs. tmall. com**
（本书如有印装质量问题，本社营销中心负责退换）

前　言

　　白光发光二极管（light emitting diodes，LED）作为新一代的照明光源，由于其寿命长、节能度高、绿色环保等显著特征，正在开启人类照明领域的一次新革命。目前市场上主流的白光 LED 主要采用的是荧光转化型白光 LED（简称 pc-LED），其中荧光粉（发光材料）是pc-LED 的重要组成部分，其性能的优劣直接影响到白光 LED 器件的性能，引起了大家的广泛关注。目前采用 pc-LED 获得白光的方式主要分为两大类：蓝光芯片复合 YAG：Ce^{3+} 黄色发光材料和（近）紫外芯片复合红、绿、蓝三基色发光材料。但是，第一种方法具有明显缺陷，这种合成方法由于缺少红光部分，合成出的荧光粉具有较低的显色指数以及较高的色温。第二种方法由于绿色与红色荧光粉色纯度以及红色荧光粉发光强度不高，现在急需发现新的氮（氧）化物发光材料，并改性氮（氧）化物发光材料。本书对目前发光材料所存在的若干问题（近紫外光激发绿色发光材料色纯度较低，近紫外光激发绿色发光材料发光强度与商用绿色荧光粉相差较大，近紫外光激发红色发光材料颜色接近橙红色及其发光强度较低），通过材料设计、合成方法探索、晶体结构精细化以及光谱性能表征等手段，系统研究了几种近紫外激发氮（氧）化物绿色、红色发光材料的制备及其发光特性，主要内容如下：

　　（1）针对目前（近）紫外白光 LED 用绿色发光材料存在的上述问题，利用固相法成功制备了绿色发光材料 $Ba_{2.9-x}Ca_xEu_{0.1}Si_6O_{12}N_2$ 和 $Ba_{2.9-x}Mg_xEu_{0.1}Si_6O_{12}N_2$。通过晶体结构精修、光谱表征等手段，研究了其晶体结构、发光特性以及晶体场环境对其发光性能的影响。$Ba_{2.9-x}Ca_xEu_{0.1}Si_6O_{12}N_2$ 发光材料的激发光谱覆盖了从紫外光到蓝光的大部分区域，而其发射光谱在 400nm 激发下发出黄绿光，并且通过 Ca^{2+} 的掺杂，Eu^{2+} 周围的晶体场环境发生改变，可以使发射光谱的最高发射峰位从 525nm 红移到 536nm。对于 $Ba_{2.9-x}Mg_xEu_{0.1}Si_6O_{12}N_2$ 发光材料来说，掺杂适当浓度的 Mg^{2+}，$Ba_{2.9-x}Mg_xEu_{0.1}Si_6O_{12}N_2$ 发光材料的发光强度会提高，并且相应降低了样品的半峰宽度，使其色纯度得到提高。同时 $Ba_{2.9-x}Mg_xEu_{0.1}Si_6O_{12}N_2$ 发光材料也具有非常好的热稳定性。

（2）针对目前（近）紫外白光 LED 用红色发光材料存在的上述问题，利用高温高压法制备了 Eu^{2+} 激活的新型高效的红色发光材料 $Ca_2Si_5N_8$ 和 $Sr_2Si_5N_8$。针对 $Ca_2Si_5N_8$：Eu^{2+} 发光材料，加入 BaF_2 作为助熔剂，增加了样品的结晶性，并且使其最高发射峰位从 608nm 红移到 622nm，导致其发射光从橙红光转变为红光。BaF_2 的加入使大半径的 Ba^{2+} 进入晶格，进而使得更多中等半径的 Eu^{2+} 进入晶格之中，样品的发光强度也随之得到了显著的提高。对于 $Sr_2Si_5N_8$：Eu^{2+} 来说，在晶格中通过 La^{3+}-Al^{3+} 离子对替代 Sr^{2+}-Si^{4+} 离子对，使得 760nm 处出现另一个红光发射峰，最终导致色坐标的变化。随着掺杂 La^{3+}-Al^{3+} 离子对浓度的增加，其色坐标从（0.6107，0.3716）移动到（0.6452，0.3441），发光颜色从红橙光变为红光。而后在 $Sr_2Si_5N_8$：Eu^{2+} 中掺杂 Mg^{2+}，通过加入 Mg^{2+} 可以使样品的发光强度得到提高，并且样品的热稳定性可以达到商用粉的要求。

（3）针对目前（近）紫外白光 LED 用红色发光材料存在的上述问题，利用高温高压法制备了 Eu^{2+} 激活的新型高效的红色发光材料 $CaSiN_2$：Eu^{2+}。针对 $CaSiN_2$：Eu^{2+} 发光材料，在其中掺杂 Sr^{2+}，发光强度得到了小幅度提高。

全书共分为 5 章：第 1 章绪论，介绍了白光发光二极管与白光 LED 用发光材料的研究进展；第 2 章介绍了发光材料常用表征手段的原理和一些表征结果；第 3 章重点介绍了氮氧化物绿色发光材料 $Ba_3Si_6O_{12}N_2$：Eu^{2+} 发光性能的研究，首先介绍了相关的研究进展，然后详细介绍了在该荧光材料中进行阳离子取代后的实验过程和结果；第 4 章详细介绍了氮化物橙红色发光材料 $M_2Si_5N_8$：Eu^{2+}（M＝Ca，Sr）发光性能的研究实验过程，重点研究了阴阳离子对共掺杂对 $M_2Si_5N_8$：Eu^{2+}（M＝Ca，Sr）发光材料的影响；第 5 章重点介绍了氮化物红色发光材料 $CaSiN_2$：Eu^{2+} 的发光性能，首先介绍了相关的研究进展，然后详细介绍了利用高温固相法制备 $CaSiN_2$：Eu^{2+} 发光材料的实验过程和结果。

　　本书在编写过程中参考了大量的著作和文献资料，在此，向工作在相关领域最前端的优秀科研人员致以诚挚的谢意，感谢你们对材料科学发展做出的巨大贡献。

　　随着发光材料制备技术的不断发展，本书可能存在不足之处，同时，书中的研究方法和研究结论也有待更新。由于作者知识面以及掌握的资料有限，书中难免有不当之处，敬请各位读者批评指正。

作　者
2022 年 11 月

目　　录

1 绪 论

1.1 白光发光二极管的发展简介

灯光照明自出现以来，就一直是人类不可或缺的照明方法。人类照明的发展历史主要经历了三个阶段。第一阶段，19 世纪之前，人类基本是通过火把与蜡烛进行照明，而电灯的发明使得照明进入了电时代，白炽灯是最早的电照明光源，但是其发光效率较低，并且能量转换效率只有 5% 左右。第二阶段，20 世纪中期，照明设备已经从白炽灯发展到荧光灯，但荧光灯发光效率不够高，热稳定性较差，光衰较大，光通维持率低。第三阶段，1965 年，诞生了全球第一款商用化发光二极管，它是用锗材料做成的可发出红外光的 LEDs（light emitting diodes，简称 LEDs）。经过国内外研究人员的不断探索及努力，不同材料制备的 LED 相继出现，如 GaAsP 材料制作的商用化红色 LED、GaP 绿色芯片 LED、AlGaAs LED 和 AlInGaP 材料制备的 LED。并且 LED 的发光效率也逐渐提高，远远超过白炽灯与荧光灯的发光效率。1994 年，第一个蓝色发光二极管的出现引起了大家对 GaN 基 LED 的研究和开发热潮；1996 年，日本 Nichia（日亚）公司开发出了白光 LED，掀开了白光 LED 作为新一代照明光源的序幕。相对传统照明光源，白光 LED 具有响应时间短、寿命长、显色性好等优点，随着制造成本的下降，白光 LED 逐渐走进了人们的生活中[1]。

白光 LED 灯高效、节能、无污染等优点，十分贴合现今社会倡导的低碳、节能、环保的理念。在节能环保方面，具有独特优势的 WLEDs 灯替代能耗较大的白炽灯和荧光灯成为必然趋势。而就 LED 行业的整体走势而言，预测三年后不再有 LED 照明和传统照明区别，LED 照明渗透率将达到 80% 以上，到 2025 年，白光 LED 照明可以节省世界照明光源能量损失 50% 以上。另外，预估未来两年行业并购金额将累计达千亿元，这对于白光 LED 来说既是机遇也是挑战。同时国内外研究人员一直致力于提高 WLEDs 的发光效率，提高其寿命，降低其生产成本，使其可以尽早完成照明光源的更新换代。尽管 WLEDs 自诞生至今仅有 20 年，但其高效、节能等特点，已经使得许多人都因此受益。

1.1.1 发光二极管的发光原理及其应用

LED，就是发光二极管，顾名思义发光二极管是一种可以将电能转化为光能的电子器件，具有二极管的特性。发光二极管的基本结构是封装在环氧树脂中的一块电致发光半导体模块。电极、PN 结芯片和光学系统是组成 LED 的主要结构。如图 1-1 所示为直插型 LED 的内部基本结构示意图。当在电极上加正向偏压之后，电子和空穴分别注入 P 区和 N 区，当非平衡少数载流子与多数载流子复合时，就会以辐射光子的形式将多余的能量转化为光能，如图 1-2 所示。发光过

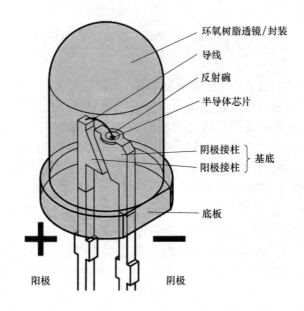

图 1-1　直插型 LED 的内部基本结构示意图

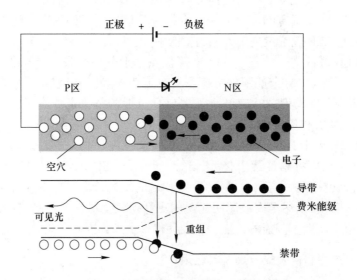

图 1-2　正向偏压情况下 LED 中电子与空穴移动情况示意图

程主要分为三个部分：（1）正向偏压下的载流子注入；（2）复合辐射；（3）光能传输[2]。其发出光的波长由该半导体的"禁带"宽度大小决定，而禁带的宽度（能级）大小会由于物质不同而不同，若禁带宽度小则发射光波长长，若禁带宽度大则发射光波长短[3-4]。表1-1给出了现有主要的半导体材料的发射波长。

表 1-1　主要半导体材料发射波长

半导体材料	波长/nm	发光颜色
AlN	210	紫外
AlGaN	220~360	紫外
AlGaInN	450，570	蓝光，绿光
InGaN	390，420，515	近紫外，蓝光，绿光
AlGaInP	590~620	橙光
GaAsP	590~620	橙光
GaP	555，565，700	黄光，红光
AlGaAs	780，880	红光，近红外光
GaAs	840	近红外光

LED光源具有多方面的优点，比如稳定性高、适用性强、耗能少、对环境无污染、响应时间短、多色发光等。鉴于LED的自身优势，目前其主要应用于以下几个方面：（1）显示屏、交通信号显示光源LED灯具有抗振耐冲击、光响应速度快、省电和寿命长等特点。（2）汽车用LED，汽车用灯一般包含汽车音响指示灯、内部的仪表板指示灯。最为重要的应用是外部的刹车灯、尾灯、侧灯以及头灯。（3）LED背光源，LED作为LCD背光源的应用，具有发光效率高、寿命长和性价比高等特点。（4）家用室内照明LED，例如LED光纤灯、LED筒灯、LED日光灯、LED天花灯，都已应用到家庭中。（5）其他应用，例如LED用儿童鞋、LED儿童玩具等。

表1-2是三种照明光源，即白光LED、荧光灯、白炽灯的性能对比。从表1-2可知，与荧光灯和白炽灯相比，无论在能量转换效率、极限发光效率、显色指数还是寿命方面，白光LED都有明显的优势，说明白光LED必将成为未来的新光源。

表 1-2　白光 LED、荧光灯、白炽灯照明光源性能对比

指　标	白光 LED	荧光灯	白炽灯
光源类型	全固态	气体汞放电	惰性气体保护
发光原理	电致发光和光致发光	光致发光	热
发光物质	LED 芯片+荧光粉	稀土三基色荧光粉	钨丝
能量转换效率/%	约 50	25	5
极限发光效率/lm·W^{-1}	260~300	100	15~20
显色指数 Ra	>85	>80	>95
寿命/h	80000~100000	6000~30000	<2000

1.1.2　实现白光的方式

　　要知道实现白光的方式首先要知道何为颜色，人眼怎么感知到颜色的存在。人眼感受到颜色的不同是因为不同波长的光刺激人眼时，大脑会相应产生视觉现象，也就是颜色。而且不同颜色光刺激人眼后，感受亮度是不同的，一般来说人眼只能感受到 380~780nm 波长内的光，而对 550nm 波长的光最为敏感，也就是人们对绿光最为敏感。而人们平时所看到的白光并不是单一波长的白光，而是通过不同波长的可见光混合而成，并且至少是两种以上的可见光才可以合成白光。LED 产生的原理正是如此：人眼在同时受到蓝光和黄光刺激时会感受到白光的存在。现今，获得白光的技术方式主要有 5 种[5]：（1）单一芯片获取白光；（2）多芯片组合方式，即采用红绿蓝为材质的三颗 LED 芯片获得白光；（3）量子阱技术；（4）有机发光二极管获取白光；（5）单一芯片加荧光粉获取白光，即荧光转换技术，缩写为 pc-LED[6-8]。"荧光转换"技术就是将发光材料涂覆在半导体芯片上，发光材料首先通过将 LED 芯片所发出的一部分或者全部光吸收，转换成可见光，然后二者复合成白光。而现如今，pc-LED 是市场上实现白光的主要方式，因为其具有制作简单、成本低廉等优点。而作为 LED 市场的主流 pc-LED，其主要有两种方式获取白光，见图 1-3 和图 1-4，即目前利用"荧光转换"方法得到白光的主流 pc-LED 示意图。图 1-3 是采用 InGaN 蓝光发光二极管，在 InGaN 芯片上涂覆 YAG：Ce^{3+} 黄色荧光粉，荧光粉发出的黄光与芯片上发出的蓝光互补形成白光，该方法简单、高效，并且实用性强[10-11]。但是这种合成白光的方式存在明显缺点：（1）其发光效率不高；（2）短波长的蓝光激发荧光粉产生长波长的黄光，能量损耗较

大；（3）荧光粉的热稳定性较差，长时间使用会导致色温漂移；（4）由于荧光粉发光缺少红光，所以得到的白光偏冷，显色性较差，难以获得色温较低并且显色性较高的白光发射。此外，蓝光芯片与红色和绿色发光材料组合也可以获得白光发射，其原理同蓝光芯片与 YAG：Ce^{3+} 组合形式类似[12]。采用紫光或近紫外 LED 芯片作激发源与红、绿、蓝三基色荧光粉进行组合，经透镜作用荧光粉发出的三色光，可以复合成白光[13-15]。这种方案与较为常见的蓝光芯片复合 YAG：Ce^{3+} 黄色荧光粉组成白光的方式相比具有明显的优点，因为 LED 芯片的发光并不在可见光区，所以经透镜作用复合成的白光的品质完全由荧光粉来决定，因此更容易获得色稳定性较好的白光；而且三种荧光粉的色纯度较好，作为背光源显示具有更优异的性能；这种方法获得的色域更广所以容易获得显色性更好的白光[16]。虽然近紫外 LED 芯片具有更高的稳定性和更强的光输出，但是其也有一些缺点，比如红色荧光粉与绿色荧光粉的制备较为复杂并且成本较高。所制成的白光 LED 的荧光效率不高等。但无论怎么说，荧光粉在两类 pc-LED 中都具有重要的作用。

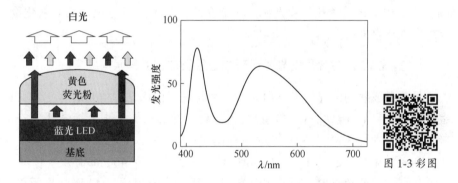

图 1-3 彩图

图 1-3 蓝光芯片与黄色荧光粉复合得到白光示意图及其光谱图[9]

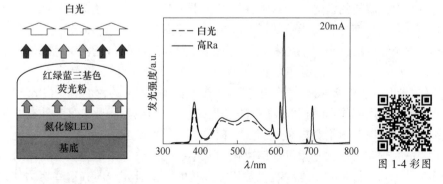

图 1-4 彩图

图 1-4 紫外芯片与三基色荧光粉复合得到白光示意图及其光谱图[9]

1.2　白光 LED 用发光材料研究进展

最近几年，pc-LED 用荧光粉的发展迅猛、成就显著，目前人们对白光 LED 发光材料的研究主要集中在无机发光材料，主要有铝酸盐[17-22]、硅酸盐[23-29] 以及氮（氧）化物[30-36]，尤其是氮（氧）化物，其具有非常优异的物理化学性质，并且比氧化物更加稳定。按照发光颜色分类，主要分为蓝色发光材料、绿色发光材料以及红色发光材料。按照所匹配芯片的范围，可分为蓝光 LED 芯片用发光材料和（近）紫外 LED 芯片用发光材料。到目前为止，已经实现商用化的荧光粉如下：与蓝光 LED 芯片匹配的黄色铝酸盐荧光粉 $Y_3Al_5O_{12}:Ce^{3+}$（简称 YAG:Ce），与近紫外 LED 芯片匹配的黄色硅酸盐荧光粉 $Sr_3SiO_5:Eu^{2+}$，与紫外 LED 芯片匹配的蓝色铝酸盐荧光粉 $BaMgAl_{10}O_{17}:Eu^{2+}$、绿色硅酸盐荧光粉 $Sr_2SiO_4:Eu^{2+}$；与近紫外/蓝光 LED 芯片匹配的绿色氮氧化物荧光粉 β-Sialon: Eu^{2+}，红色氮化物荧光粉 $(Ca,Sr)AlSiN_3:Eu^{2+}$ 和 $M_2Si_5N_8:Eu^{2+}$（M = Ca、Sr、Ba）等。以下将对这几类荧光粉作详细介绍，并重点对氮化物及氮氧化物红色、绿色发光材料进行介绍。

1.2.1　蓝光 LED 芯片用发光材料研究进展及存在的科学问题

目前最成熟的荧光转换型白光 LED，是已经商用化的蓝光芯片与发射黄光的钇铝石榴石（$Y_3Al_5O_{10}:Ce^{3+}$）荧光粉组合，并已占据了现今绝大部分的市场份额。在 YAG 中，Ce^{3+} 作为发光中心占据 Y^{3+} 格位时，YAG:Ce 的最强激发峰位于 460nm 左右，与蓝光芯片发射峰位置重叠，而且在 460nm 激发下，产生位于 550nm 左右的黄光发射。正是光谱的这一特点，使得蓝色 LED 芯片与 YAG:Ce 黄色荧光粉结合，可以得到高效的白光 LED 光源。但是也存在以下缺点：蓝色 LED 芯片与 YAG:Ce 黄色荧光粉复合后的发光效率不高；短波长的蓝光激发荧光粉产生长波长的黄光，能量损耗较大；由于 YAG:Ce 黄色荧光粉的发射光谱缺乏红色可见光部分，会导致其色温（CCT）较高；且 YAG:Ce 荧光粉热稳定性较差，工作温度的升高会使得发光强度下降，导致获得的白光存在色温偏高、显色指数（CRI）偏低、色温和显色指数随着电流变化发生变化等缺点。人类对于"暖白光"的需求要大于"冷白光"的需求，所以较高的色温对于白光 LED 的普及有一定的阻碍作用。白光 LED 的显色指数对于医疗照明方面也具有非常重要的作用，所以显示指数较低也阻碍 LED 的普及。最近几年，国内外研究人员做了大量的研究工作，希望可以解决该体系存在的问题。光谱剪裁、新型合成工艺的探索、基体材料稳定性的改善是研究人员的主要研究方向，这些努力使得该白光发射体系的发光效率、显色性、色坐标等得到显著提高（发光功率 η 达到 20～

30lm/W，显色指数 Ra>80）。在调整 YAG：Ce^{3+} 基质结构方面，通过引入 Ga^{3+}、In^{3+}、Lu^{3+}、La^{3+}、Tb^{3+} 等三价离子，取代 YAG 基质中的 Y^{3+} 和 Al^{3+}，改变激活剂离子与阴离子间的半径，进而影响其晶体场强度，导致发射光谱向红光方向移动，但同时其发光效率也会相应降低[37-40]。在其他稀土离子掺杂方面，通过掺杂 Eu^{3+}、Sm^{3+}、Pr^{3+} 等三价稀土离子，可以增加 YAG：Ce^{3+} 的红色成分。但由于 Pr^{3+}、Sm^{3+}、Eu^{3+} 等属于禁戒 f—f 跃迁发射，f—f 跃迁为线状光谱，色纯度较高，然而激发峰在 460nm 处吸收有限，所以导致其发光强度降低。因此采用这种方法降低白光 LED 的色温是比较有限的。基于石榴石结构，人们还开发了新型石榴石结构荧光材料，比如 Lu$_2$CaMg$_2$（Si，Ge）$_3$O$_{12}$：Ce^{3+} 在蓝光激发下，会发射出波长在 605nm 左右的橙黄光，与蓝光 LED 芯片结合后得到的白光 LED 的显色指数为 76，色温为 3500K，是很好的暖白光[41]，与 YAG：Ce^{3+} 相比，其制备条件较为苛刻并且热稳定性较差。另外人们还尝试开发了一些新型蓝光激发的氧化物黄色荧光粉，比如 Li$_2$SrSiO$_4$：Eu^{2+}[42-44] 体系与 Sr$_3$SiO$_5$：Eu^{2+}[45-47] 体系。Sr$_3$SiO$_5$：Eu^{2+} 样品在蓝光激发下会发射出 570nm 的黄光，其色坐标为（0.37，0.32），显色指数为 64，通过共掺杂 Ba^{2+}，发射主峰可以向长波长方向移动至 585nm 左右，与蓝光芯片结合为白光 LED 时其色温可以达到 2500~5000K，而且显色指数可以达到 85，得到人们需要的暖白光；而 Li$_2$SrSiO$_4$：Eu^{2+} 在 400~470nm 蓝光激发下，可以发射 570nm 的黄光，与蓝光 LED 芯片结合能够实现白光发射。但是 Sr$_3$SiO$_5$：Eu^{2+} 和 Li$_2$SrSiO$_4$：Eu^{2+} 两种体系都存在制备复杂及热稳定性不高等缺点。

1.2.2 （近）紫外 LED 芯片用发光材料研究进展及存在的科学问题

1.2.2.1 （近）紫外 LED 芯片用蓝色发光材料研究进展及存在的科学问题

目前商用的紫外/近紫外蓝光材料主要是 BaMgAl$_{10}$O$_{17}$：Eu^{2+}（简称 BAM：Eu^{2+}）[48-49]，BAM 的外观是白色的晶体，并且物理化学性质稳定，晶体结构为 β-Al$_2$O$_3$，空间群为 $P6_3/mmc$，其晶胞由 Ba 和 O 组成的镜面层（BaO）以及由立方紧密堆积的 O 原子组成的尖晶石层（MgAl$_{10}$O$_{16}$）构成。

此外，还有一些其他的紫外激发蓝光材料，例如硅酸盐 M$_3$MgSi$_2$O$_8$：Eu^{2+}（M = Ba，Sr）[50-51]、Ba$_5$SiO$_4$Cl$_6$：Eu^{2+}[52]、Li$_2$CaSiO$_4$：Eu^{2+}[53-54]、Y$_2$SiO$_5$：Ce^{3+}[55-56]，磷酸盐 MSrPO$_4$：Eu^{2+}（M = Li，K）[57-58]、Sr$_5$（PO$_4$）$_3$Cl：Eu^{2+}[59] 以及硫化物 CaLaGa$_3$S$_6$O：Ce^{3+}[60] 等，这些材料在（近）紫外区都有很好的吸收，经过国内外研究人员的不断努力，这些蓝光材料都可以应用于（近）紫外芯片。但这些蓝光材料也存在其他问题，主要是色纯度不好、发光效率不高等。

1.2.2.2 （近）紫外 LED 芯片用绿色发光材料研究进展及存在的科学问题

商用的紫外/近紫外绿光材料主要是 Sr_2SiO_4：Eu^{2+}[61]。Sr_2SiO_4 与 Ba_2SiO_4 具有相似的结构，空间群为 *Pmnb*（No. 62）。Sr_2SiO_4 晶体结构示意图如图 1-5 所示，晶胞内有两种 Sr^{2+} 格位，分别为九配位和十配位。从图 1-5 中可见，Sr_2SiO_4 晶胞由三维网状的 SrO 多面体和 SiO_4 四面体构成，其中 Sr 分别与 10 个 O 和 9 个 O 构成两种多面体，与 SiO_4 四面体相连接。

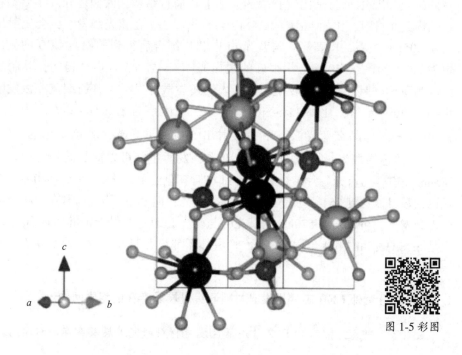

图 1-5 彩图

图 1-5 Sr_2SiO_4 晶体结构图

此外，还有一些其他的紫外激发绿光材料，例如 $(Zn,Cd)S$：Cu^+，Al^{3+}[62-63]、$Sr_2Al_2O_4$：Eu^{2+}[64-65]、$Sr_4Al_{14}O_{25}$：Eu^{2+}[66]、$SrGa_2S_4$：Eu^{2+}[67]、$Ca_2MgSi_2O_7$：Eu^{2+}[68] 和 $Ca_8Mg(SiO_4)_4Cl_2$：Eu^{2+}[69] 等，这些材料都存在热稳定性差等缺点。$(Zn,Cd)S$：Cu^+，Al^{3+} 和 $SrGa_2S_4$：Eu^{2+} 等硫化物荧光粉的物理化学性质不稳定、热稳定性不好，而且硫化物有毒，长时间使用会危害人的身体健康。$Ca_2MgSi_2O_7$ 和 $Ca_8Mg(SiO_4)_4Cl_2$：Eu^{2+} 硅酸盐荧光粉相较其他氧化物基绿色发光材料，煅烧成本较高并且制备工艺较为复杂。因此，开发新型的近紫外 LED 用绿色发光材料具有重要意义。

1.2.2.3 （近）紫外 LED 芯片用红色发光材料研究进展及存在的科学问题

紫外/近紫外用红光材料主要是硫化物体系 Y_2O_2S：Eu^{3+}[70-72]。目前（近）紫外白光 LED 用红色氧化物基发光材料主要是 Y_2O_2S：Eu^{3+}。通过研究其结构与发光性能发现，Y_2O_2S：Eu^{3+} 在 400nm 附近有较强的吸收峰，通过 400nm 近紫外光激发产生交叉弛豫，导致 Eu^{3+} 较高能级发射（蓝和绿光发射）猝灭，从而得到较低能级的色纯度较高的红光发射，并且其发光强度较高。该材料已得到广泛应用。

其他研究较多的 Eu^{3+} 掺杂的红色荧光粉主要有钒酸盐体系（$Ca_3La(VO_4)_3$：Eu^{3+}、YVO_4：Eu^{3+}，Bi^{3+} 等[73-76]）、钨钼酸盐体系（$Gd_2Mo_3O_9$：Eu^{3+}、$Na_5La(MoO_4)$：Eu^{3+}、$MRe(WO_4)_{2-x}(MoO_4)_x$：Eu^{3+}、$CaMoO_4$：Eu^{3+}、$Gd_2(MoO_4)_3$：Eu^{3+} 等[77-82]）和钛酸盐体系（$GdTiO_4$：Eu^{3+} 等[83-85]）。但是三价离子也存在相应缺点，由于 Eu^{3+} 离子 4f—4f 跃迁产生的是线状光谱，而线状光谱在（近）紫外区域吸收有限，致使其与蓝光和绿光结合后得到的白光发光效率不高。

在（近）紫外 LED 用发光材料中，除了 Eu^{3+} 掺杂的红色发光材料以外，Eu^{2+} 掺杂的红色发光材料也是其中的重要组成部分，例如 $Ba_2Mg(BO_3)$：Eu^{2+}[86] 红色发光材料，在 365nm 具有有效吸收，发射光谱是位于 609nm 的红光发射。同样，$Sr_2Mg(BO_3)$：Eu^{2+}、$BaLiB_5O_{10}$：Eu^{2+} 在紫外激发下也可以表现出红光发射，发射光谱主峰分别位于 605nm 和 630nm 左右[87-88]。然而，硼酸盐发光材料也存在其他一些缺点：易潮解，稳定性不好，且硼酸盐发光材料的发光强度与商用荧光粉还有一定差距。因此研发新型高效、稳定的红色发光材料是国内外研究人员的研究热点。

1.2.3 新型氮化物和氮氧化物荧光粉

氮（氧）化物相较于氧化物荧光粉，其发射光谱与激发光谱向长波长方向移动，主要是因为其电子云膨胀效应与晶体场的影响，所以介绍氮化物与氮氧化物之前，先介绍电子云膨胀效应与晶体场理论。

1.2.3.1 电子云膨胀效应

配位化合物的配位阴离子的外层电子和轨道中心金属离子的 d 轨道，它们由于极化作用，会发生部分重叠，进而形成一定的共价键，使得中心金属离子的电子云比没有配位的自由金属离子的电子云更为扩散而引起性质变化的效应，称之为电子云膨胀效应（见图 1-6）。通常用 $\beta = B/B_0$ 来度量这种效应，其中 B 和 B_0

分别为配位离子和自由离子的拉卡参数。拉卡参数是配位场理论为处理金属电子能级而引进的，可由光谱实验获得。B 值小于 B_0 值，其原因有二：（1）形成配位化合物后，配体电子侵入中心离子使中心离子的有效核电荷降低。（2）中心原子 d 电子向配体方向的离域作用，d 电子间排斥力变小，d 电子云扩散的结果使 B 值降低。

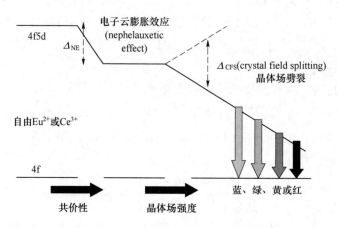

图1-6 电子云膨胀效应和晶体场理论示意图

β 值随金属和配体变化的规律称为电子云扩散序列，例如，随着配位原子的电负性变化存在以下规律：氟<氧<氮<氯<溴<硫<碘<硒。电子云扩散效应与配位化合物中共价成键程度相关，由此可见，金属阳离子与 N^{3-} 组成的键会比与 O^{2-} 组成的键共价性更高，因此电子云膨胀效应更大。如果从阳离子考虑，当阳离子半径减小或电荷增加时，其具有更高的电荷密度，则更容易吸引周围的阴离子，使阴离子周围的电子云发生极化，此时阴阳离子之间则更容易生成共价键，这样会使电子云膨胀效应更大。如果从阴离子来考虑，当阴离子的离子半径越大或负电荷越高时，电子会越稀疏，则使其越容易受到阳离子的极化，电子云膨胀效应就越大。正是由于电子云膨胀效应会使其 d 能级分裂程度增加，从而使得电子从 5d 能级跃迁到 4f 能级的能量减小，发射光谱会向长波长方向移动，也就是产生红移现象。

1.2.3.2 晶体场理论

在晶体结构中，带负电荷的配位体对中心阳离子所产生的静电场称为晶体场。晶体场理论是一种静电作用理论，即将中心离子和周围配位体的相互作用看作类似离子晶体中正负离子间的静电作用。由于过渡金属元素电子的壳层的特殊性，它们在晶格中的结合规律显示出明显的特殊性。一般来说，4f—5d 跃迁在二价 Eu 离子和三价 Ce 离子中比较常见，5d 能级有 5 个简并能级，在晶体场的影响下，5d 能级会发生分裂。晶体场越大，能级劈裂越大，5d 最低能级下降，导致发射光谱红移。晶体场强度的大小主要受以下几点影响：

（1）晶体结构：八面体>立方体>四面体。

（2）金属离子氧化性。

（3）阴离子种类。例如 $C^{4-}>N^{3-}>O^{2-}>F^->S^{2-}>Cl^->Br^->I^-$。

（4）配位离子与金属离子间的距离。晶体场强度与配位离子间的距离成反比。

（5）周期越大的金属离子分裂的 d 轨道能级差越大。例如 5d>4d>3d。

1.2.3.3 氮氧化物和氮化物荧光粉

氮（氧）化物，特别是硅基氮化物（M-Si-N，M=碱土金属）、铝硅酸盐氮化物（M-Si-Al-N）、硅基氮氧化物（M-Si-O-N，M=碱土金属）、铝硅酸盐氮氧化物（M-Si-Al-O-N），一般是通过 SiN_4、$Si(O,N)_4$、AlN_4 或者 $Al(O,N)_4$ 四面体构成的三维网状结构。当引入的激活剂离子（Eu^{2+}、Ce^{3+}）进入氮（氧）化物晶格中，它们会被周围的氮原子所包围，进而形成共价键和较短配位离子与金属离子间的距离，从而导致光谱发生红移。氮（氧）化物和氧化物相比，结构上更加稳定与多变，导致其种类的多样性，也为其多样的发光性质提供了理论基础。氮化物和氮氧化物具有如下优点：

（1）氮化物和氮氧化物基质晶格稳定，这是由于阴离子会形成高度致密的网络结构，从而导致其具有稳定的物理化学性质和热稳定性。

（2）当引入的激活剂离子（Eu^{2+}、Ce^{3+}）进入氮（氧）化物晶格中，它们会被周围的氮原子所包围，进而形成更强的共价键和较短的配位离子与金属离子间距离。因此，Eu^{2+} 和 Ce^{3+} 等的 5d—4f 跃迁容易出现长波长的发射。

（3）发光效率较高，无毒无害，不易潮解。

下面着重介绍几种典型的氮氧化物或者氮化物发光材料。

（1）$M_2Si_5N_8$：Eu^{2+} 红色荧光粉[89-96]。$Ca_2Si_5N_8$ 属于单斜晶系，空间群为 $Cc1$；而 $Sr_2Si_5N_8$ 和 $Ba_2Si_5N_8$ 属于正交晶系，空间群为 $Pmn2$。这三个碱土金属硅氮化物在结构中配位情况相似：晶体结构是基于共角的 [SiN_4] 四面体网络，该晶格网络中硅氮四面体会形成一种类层状结构，碱土金属离子填充在空隙中。$M_2Si_5N_8$：Eu^{2+}（M=Sr，Ba）系列荧光粉是宽带激发，激发光谱在 300~500nm 都有很强的吸收，其发射光谱为主峰在 630nm 左右的宽带发射，发射光谱范围在 550~800nm。一般来说，$Sr_2Si_5N_8$：Eu^{2+} 在三种荧光粉中具有最好的发光性能，通过不同浓度 Eu^{2+} 的掺杂，可以使发射光谱最高发射峰位从 600nm 红移到 680nm 处。$Ba_2Si_5N_8$：Eu^{2+} 具有与 $Sr_2Si_5N_8$：Eu^{2+} 相同的发光特性，通过不同浓度 Eu^{2+} 的掺杂，可以使发射光谱最高发射峰位从 560nm 红移到 680nm 处。而 $Ca_2Si_5N_8$：

Eu^{2+}相较于以上两种荧光粉的发光特性稍有不同，掺杂不同浓度的Eu^{2+}，其发射光谱从610nm红移到620nm左右。$M_2Si_5N_8$：Eu^{2+}体系可以被（近）紫外和蓝光芯片有效激发，但是一般在400nm处具有最强激发峰。通过460nm蓝光激发，$M_2Si_5N_8$：Eu^{2+}发射出的红光可以弥补白光LED缺乏的红光部分。在（近）紫外激发下，$M_2Si_5N_8$：Eu^{2+}的量子效率高达70%~80%。与硫化物红色荧光粉Y_2O_2S：Eu^{3+}相比，$M_2Si_5N_8$：Eu^{2+}的优势显而易见。但是$M_2Si_5N_8$：Eu^{2+}也存在相应缺点，例如其热稳定性与现今应用较多的$CaAlSiN_3$：Eu^{2+}商用红色荧光粉相比较差，而且$M_2Si_5N_8$：Eu^{2+}的发射峰半峰宽较宽，导致其色纯度与$CaAlSiN_3$：Eu^{2+}相比有明显不足，所以其还有很大的改进空间。

（2）$CaAlSiN_3$：Eu^{2+}红色荧光粉[97-101]。$CaAlSiN_3$：Eu^{2+}是目前应用最多、性能最优异的红色荧光粉，$CaAlSiN_3$属于正交晶系，$CaAlSiN_3$：Eu^{2+}的三维骨架结构是由SiN_4和AlN_4四面体以共角的方式形成的，并且Ca^{2+}填充在空隙中。这种三维骨架结构比类层状结构更为坚固，因为其结构的稳定性，可以预期$CaAlSiN_3$：Eu^{2+}具有更好的热稳定性与发光性能。其激发光谱为300~550nm的宽带激发，在紫外与蓝光芯片的激发下，样品发射出色纯度较为出色的红光发射，最高峰在630nm左右。在蓝光激发下，$CaAlSiN_3$：Eu^{2+}的发光效率要高于$CaSiN_2$：Eu^{2+}和$Ca_2Si_5N_8$：Eu^{2+}，并且其具有更好的热稳定性。在蓝光激发的黄色荧光粉LED中，可以通过加入$CaAlSiN_3$：Eu^{2+}红色荧光粉提高其显色性。因此$CaAlSiN_3$：Eu^{2+}是非常好的近紫外和蓝光LED用红色荧光粉材料。其缺点主要是制备过程复杂，制备原料较为昂贵。

（3）$MSi_2O_2N_2$：Eu^{2+}荧光粉[102-106]。$MSi_2O_2N_2$：Eu^{2+}（M=Ca，Sr，Ba）结构随着M的变化而不同。$BaSi_2O_2N_2$：Eu^{2+}的空间群为$P2/m$；$SrSi_2O_2N_2$：Eu^{2+}的空间群为$P2_1/m$；而$CaSi_2O_2N_2$：Eu^{2+}的空间群为$P2_1/c$。$MSi_2O_2N_2$：Eu^{2+}（M=Ca，Sr，Ba）的激发光谱基本相似，都是300~460nm的宽带激发，而三种不同荧光粉的发射光谱差别较大，$BaSi_2O_2N_2$：Eu^{2+}的发射光谱在400nm激发下，其最高发射峰位于500nm处，$SrSi_2O_2N_2$：Eu^{2+}的最高发射峰在540nm处，而$CaSi_2O_2N_2$：Eu^{2+}的最高发射峰位于550nm处。后两者为黄绿光发射，通过碱土金属的掺杂可使其发射光谱红移到黄光发射。$MSi_2O_2N_2$：Eu^{2+}（M=Ca，Sr，Ba）的缺点是在蓝光激发下，其量子效率与YAG：Ce相比较低，还有很大的提升空间。

（4）Sialon荧光粉[107-122]。Sialon是Al_2O_3和Si_3N_4固溶体的一类总称。根据其结构不同可分为α-相、β-相、O-相和X-相等，其中α-Sialon和β-Sialon的通式分别为$Me_xSi_{12-(m+n)}Al_{m+n}O_nN_{16-n}$和$Si_{6-z}Al_zO_zN_{8-z}$。$m$和$n$代表着Si—N键被Al—N键和Al—O键取代的个数，z代表着Si—N键被Al—O键取代的个数。

Ca-α-Sialon:Eu^{2+}与β-Sialon:Eu^{2+}由于具有优异的发光性能，近年来被国内外研究人员广泛研究。Ca-α-Sialon:Eu^{2+}在蓝光芯片的激发下呈现出黄光发射。β-Sialon:Eu^{2+}在近紫外或者蓝光激发时，呈现出绿光发射，最高发射峰在535nm处。由于Ca-α-Sialon:Eu^{2+}与β-Sialon:Eu^{2+}结构的稳定性，两者的热猝灭性质要远好于YAG:Ce。其缺点是制备的复杂与获得单相样品的困难性。

上面介绍的是几种典型氮氧化物及氮化物，并不能代表其最新研究进展。进入21世纪后，氮氧化物及氮化物发展迅猛，人们已经研究并制备出了其他许多氮化物及氮氧化物材料：如氮化物LaSi$_3$N$_5$:Ce^{3+}[123]通过355nm紫外光激发可以发出蓝光；BaSiN$_2$:Eu^{2+}[124]在近紫外及蓝光区域都有很强的吸收，使用蓝光激发可以发射出最高峰位于615nm左右的橙红光；SrAlSi$_4$N$_7$:Eu^{2+}[125]通过蓝光激发，发射光谱最高峰波长位于639nm处，以及CaAlSiN$_3$:Ce^{3+}[126-127]最高激发峰在460nm处而最高发射峰位于570nm处。氮氧化物Ca-α-Sialon:Ce^{3+}[128]在390nm近紫外区域有较强的吸收，其最高发射峰波长位于495nm左右；绿色发光材料Ba$_3$Si$_6$O$_{12}$N$_2$:Eu^{2+}[129]；Sr$_5$Al$_{5+x}$Si$_{21-x}$N$_{35-x}$O$_{2+x}$:Eu^{2+} ($x \approx 0$)[130]；LaAl(Si$_{6-z}$Al$_z$)(N$_{10-z}$O$_z$):Ce^{3+} ($z=1$)[131-132]也具有优异的发光性能。但是这些氮化物与氮氧化物也有上面几种典型氮化物及氮氧化物存在的问题。

从以上论述中可知，虽然氮（氧）化物荧光粉相较传统氧化物荧光粉具有更为优异的发光性能、更高的量子效率与热稳定性，但是氮（氧）化物荧光粉也相应存在其他一些问题，例如合成较为复杂、需要高温高压、原材料昂贵和氮（氧）化物结构的复杂性都影响研究人员对其进行深入的理解、制备与开发，阻碍了其实际应用。

参 考 文 献

[1] 刘如熹, 刘宇恒. 发光二极管用氧氮发光材料介绍 [M]. 深圳：全华科技图书股份有限公司, 2006.

[2] NAKAMURA S, PEARTON S, FASOL G. The blue laser diode: the complete story [M]. Berlin: Springer, 2000.

[3] MADELUNG O. Semiconductors—basic data [M]. Berlin: Springer, 1996.

[4] SCHUBERT E F, GESSMANN T, KIM J K. Light emitting diodes [M]. Hoboken: Wiley Online Library, 2005.

[5] 肖志国, 石春山, 罗昔贤. 半导体照明发光材料及应用 [M]. 北京：化学工业出版社, 2008.

[6] 徐叙瑢, 苏勉曾. 发光学与发光材料 [M]. 北京：化学工业出版社, 2004.

[7] YE S, XIAO F, PAN Y X, et al. Phosphors in phosphor-converted white light-emitting diodes: Recent advances in materials, techniques and properties [J]. Materials Science & Engineering R-Reports, 2010, 71 (1): 1-34.

[8] LUO Y, XIA Z. Effect of Al/Ga Substitution on Photoluminescence and Phosphorescence Properties of Garnet-Type $Y_3Sc_2Ga_{3-x}Al_xO_{12}$: Ce^{3+} Phosphor [J]. The Journal of Physical Chemistry C, 2014, 118: 23297-23305.

[9] 王磊. 能量调控的高显色白光 LED 用 YAG: Ce（R=Pr^{3+}, Cr^{3+}）荧光粉的研究 [D]. 长春: 中国科学院研究生院（长春光学精密机械与物理研究所），2011.

[10] WU H, ZHANG X, GUO C, et al. Three-band white light from InGaN-based blue LED chip precoated with green/red phosphors [J]. Photonics Technology Letters, IEEE, 2005, 17 (6): 1160-1162.

[11] SHEU J K, CHANG S J, KUO C, et al. White-light emission from near UV InGaN-GaN LED chip precoated with blue/green/red phosphors [J]. Photonics Technology Letters, IEEE, 2003, 15 (1): 18-20.

[12] MUKAI T, YAMADA M, NAKAMURA S. Characteristics of InGaN-based UV/blue/green/ amber/red light-emitting diodes [J]. Japanese Journal of Applied Physics, 1999, 38 (7): 3976.

[13] MUELLER-MACH R, MUELLER G, KRAMES M R, et al. Highly efficient all-nitride phosphor-converted white light emitting diode [J]. Physica Status Solidi (A), 2005, 202 (9): 1727-1732.

[14] PARK W, JUNG M, KANG S, et al. Synthesis and photoluminescence characterization of $Ca_3Si_2O_7$: Eu^{2+} as a potential green-emitting white LED phosphor [J]. Journal of Physics and Chemistry of Solids, 2008, 69 (56): 1505-1508.

[15] LEE K, CHEAH K, AN B, et al. Emission characteristics of inorganic/organic hybrid white-light phosphor [J]. Applied Physics A, 2005, 80 (2): 337-339.

[16] RADKOV E, BOMPIEDI R, SRIVASTAVA A M, et al. White light with UV LEDs [C] // Optical Science and Technology, SPIE's 48th Annual Meeting, 2004: 171-177.

[17] IM W B, SESHADRI R, DENBAARS S P. Yellow emitting phosphors based on Ce^{3+}-doped aluminate and via solid solution for solid-state lighting applications [P]. 2009-08-27.

[18] KUO T W, HUANG C H, CHEN T M. Novel yellowish-orange $Sr_8Al_{12}O_{24}S_2$: Eu^{2+} phosphor for application in blue light-emitting diode based white LED [J]. Optics Express, 2010, 18 (102): 231-236.

[19] HE Y, ZHANG J, ZHOU W, et al. Multicolor Emission in a Single-Phase Phosphor $Ca_3Al_2O_6$: Ce^{3+}, Li^+ : Luminescence and Site Occupancy [J]. Journal of the American Ceramic Society, 2014, 97 (5): 1517-1522.

[20] HAN J Y, IM W B, KIM D, et al. New full-color-emitting phosphor, Eu^{2+}-doped $Na_{2-x}Al_{2-x}Si_xO_4(0{\leqslant}x{\leqslant}1)$, obtained using phase transitions for solid-state white lighting [J]. Journal of Materials Chemistry, 2012, 22 (12): 5374-5381.

[21] WON Y H, JANG H S, JEON D Y. Luminescence Tuning Mechanism of $La_{0.827}Al_{11.9}O_{19.09}$: Eu^{2+}, Mn^{2+} Phosphor for Multi-Color Light-Emitting Diodes [J]. Journal of the Electrochemical Society, 2011, 158 (9): 276-281.

[22] LI X, BUDAI J D, LIU F, et al. New yellow $Ba_{0.93}Eu_{0.07}Al_2O_4$ phosphor for warm-white light-

emitting diodes through single-emitting-center conversion [J]. Light: Science & Applications, 2013, 2 (1): 50.

[23] ZHANG X, ZHANG J, WANG R, et al. Photo-physical behaviors of efficient green phosphor $Ba_2MgSi_2O_7$: Eu^{2+} and its application in light-emitting diodes [J]. Journal of the American Ceramic Society, 2010, 93 (5): 1368-1371.

[24] JIAO H, WANG Y. $Ca_2Al_2SiO_7$: Ce^{3+}, Tb^{3+}: A white-light phosphor suitable for white-light-emitting diodes [J]. Journal of the Electrochemical Society, 2009, 156 (5): 117-120.

[25] JANG H S, KIM H Y, KIM Y S, et al. Yellow-emitting γ-Ca_2SiO_4: Ce^{3+}, Li^+ phosphor for solid-state lighting: luminescent properties, electronic structure, and white light-emitting diode application [J]. Optics Express, 2012, 20 (3): 2761-2771.

[26] ZHANG X, TANG X, ZHANG J, et al. An efficient and stable green phosphor $SrBaSiO_4$: Eu^{2+} for light-emitting diodes [J]. Journal of Luminescence, 2010, 130 (12): 2288-2292.

[27] KIM J M, PARK S J, KIM K H, et al. The luminescence properties of $M_2MgSi_2O_7$: Eu^{2+} (M=Sr, Ba) nano phosphor in ultraviolet light emitting diodes [J]. Ceramics International, 2012, 38 (1): 571-575.

[28] LV W, GUO N, JIA Y, et al. A potential single-phased emission-tunable silicate phosphor $Ca_3Si_2O_7$: Ce^{3+}, Eu^{2+} excited by ultraviolet light for white light emitting diodes [J]. Optical Materials, 2013, 35 (5): 1013-1018.

[29] ISHIGAKI T, MADHUSUDAN P, INOUE M, et al. Synthesis and Photoluminescence Studies of Eu^{3+} Activated Borosilicate Phosphor $(Gd_{1-x}Eu_x)_3BSi_2O_{10}$ for White Light Emitting Diodes [J]. ECS Journal of Solid State Science and Technology, 2013, 2 (2): 3018-3020.

[30] GAN L, MAO Z Y, ZHANG Y Q, et al. Effect of composition variation on phases and photoluminescence properties of β-Sialon: Ce^{3+} phosphor [J]. Ceramics International, 2013, 39 (4): 4633-4637.

[31] ZHANG F, CHEN S, CHEN J F, et al. Characterization and luminescence properties of AlON: Eu^{2+} phosphor for white-emitting-diode illumination [J]. Journal of Applied Physics, 2012, 111 (8): 083532.

[32] KIM Y, KIM J, KANG S. First-principles thermodynamic calculations and experimental investigation of Sr-Si-N-O system—synthesis of $Sr_2Si_5N_8$: Eu phosphor [J]. Journal of Materials Chemistry C, 2013, 1 (1): 69-78.

[33] SONG Y, KIM B, JUNG M, et al. Synthesis and photoluminescence properties of green-emitting $Ba_3Si_6O_{12}N_2$ oxynitride phosphor using boron-coated Eu_2O_3 for white LED applications [J]. Journal of the Electrochemical Society, 2012, 159 (5): 148-152.

[34] ANOOP G, CHO I, SUH D, et al. Luminescence characteristics of $Sr_{1-x}Ba_xSi_2O_2N_2$: Eu^{2+} phosphors for white light emitting diodes [J]. Physica Status Solidi (A), 2012, 209 (12): 2635-2640.

[35] MA Y, XIAO F, YE S, et al. Characterization and luminescence properties of $Y_2Si_3O_3N_4$: Ce^{3+} phosphor for white light-emitting-diode [J]. Journal of the Electrochemical Society, 2012, 159 (4): 358-362.

[36] XIE R J, HIROSAKI N, SAKUMA K, et al. Eu^{2+}-doped Ca-alpha-Sialon: A yellow phosphor for white light-emitting diodes [J]. Applied Physics Letters, 2004, 84 (26): 5404.

[37] SETLUR A A, SRIVASTAVA A M, COMANZO H A, et al. Phosphor blends for generating white light from near-UV/blue light-emitting devices [P]. 2002-10-31.

[38] 刘如熹, 石景仁. 白光发光二极管用钇铝石榴石萤光粉配方与机制研究 [J]. 中国稀土学报, 2002, 20 (6): 495-501.

[39] ZHANG S S, ZHUANG W D, ZHAO C L, et al. Study on the (Y, Gd)$_3$(Al, Ga)$_5$O$_{12}$: Ce^{3+} Phosphor [J]. Journal of Rare Earths, 2004, 22 (1): 118-121.

[40] PAN Y, WU M, SU Q. Tailored photoluminescence of YAG: Ce phosphor through various methods [J]. Journal of Physics and Chemistry of Solids, 2004, 65 (5): 845-850.

[41] SETLUR A A, HEWARD W J, GAO Y, et al. Crystal chemistry and luminescence of Ce^{3+}-doped Lu$_2$CaMg$_2$(Si, Ge)$_3$O$_{12}$ and its use in LED based lighting [J]. Chemistry of Materials, 2006, 18 (14): 3314-3322.

[42] SARADHI M P, VARADARAJU U. Photoluminescence studies on Eu^{2+}-activated Li$_2$SrSiO$_4$ a potential orange-yellow phosphor for solid-state lighting [J]. Chemistry of Materials, 2006, 18 (22): 5267-5272.

[43] HE H, FU R, WANG H, et al. Li$_2$SrSiO$_4$: Eu^{2+} phosphor prepared by the Pechini method and its application in white light emitting diode [J]. Journal of Materials Research, 2008, 23 (12): 3288-3294.

[44] LEVSHOV S, BEREZOVSKAYA I, EFRYUSHINA N, et al. Synthesis and luminescence properties of Eu^{2+}-doped Li$_2$SrSiO$_4$ [J]. Inorganic Materials, 2011, 47 (3): 285-289.

[45] PARK J K, KIM C H, PARK S H, et al. Application of strontium silicate yellow phosphor for white light-emitting diodes [J]. Applied Physics Letters, 2004, 84 (10): 1647-1649.

[46] KANG H G, PARK J K, KIM J M, et al. Embodiment and Luminescence Properties of Sr$_3$SiO$_5$: Eu (yellow-orange phosphor) by co-doping lanthanide [C]. Solid State Phenomena, 2007: 511-514.

[47] LI P, YANG Z, WANG Z, et al. Preparation and luminescence characteristics of Sr$_3$SiO$_5$: Eu^{2+} phosphor for white LED [J]. Chinese Science Bulletin, 2008, 53 (7): 974-977.

[48] 刘碧桃. Eu^{2+}、Mn^{2+}激活的六铝酸盐基发光材料的制备及其发光特性研究 [D]. 甘肃: 兰州大学, 2012.

[49] 王文杰. BaMgAl$_{10}$O$_{17}$: Eu^{2+}, Mn^{2+}的助熔剂法制备及其发光性能的研究 [D]. 甘肃: 兰州大学, 2011.

[50] JUNG K Y, HAN K H, JUNG H K. Luminescence optimization of M$_3$MgSi$_2$O$_8$: Eu^{2+} phosphor by spray pyrolysis combined with combinatorial chemistry for UV-LED application [J]. Journal of the Electrochemical Society, 2009, 156 (6): 129-133.

[51] YONESAKI Y, TAKEI T, KUMADA N, et al. Crystal structure of Eu^{2+}-doped M$_3$MgSi$_2$O$_8$ (M: Ba, Sr, Ca) compounds and their emission properties [J]. Journal of Solid State Chemistry, 2009, 182 (3): 547-554.

[52] ZENG Q, TANNO H, EGOSHI K, et al. Ba$_5$SiO$_4$Cl$_6$: Eu^{2+}: An intense blue emission

phosphor under vacuum ultraviolet and near-ultraviolet excitation [J]. Applied Physics Letters, 2006, 88 (5): 051906.

[53] LIU J, SUN J, SHI C. A new luminescent material: Li_2CaSiO_4: Eu^{2+} [J]. Materials Letters, 2006, 60 (23): 2830-2833.

[54] XU X, CHEN J, DENG S, et al. High luminescent Li_2CaSiO_4: Eu^{2+} cyan phosphor film for wide color gamut field emission display [J]. Optics Express, 2012, 20 (16): 17701-17710.

[55] SHIN S H, JEON D Y, SUH K S. Emission band shift of the cathodoluminescence of Y_2SiO_5: Ce phosphor affected by its activator concentration [J]. Japanese Journal of Applied Physics, 2001, 40 (7): 4715-4719.

[56] COOKE D, LEE J, BENNETT B, et al. Luminescent properties and reduced dimensional behavior of hydrothermally prepared Y_2SiO_5: Ce nanophosphors [J]. Applied Physics Letters, 2006, 88 (10): 103108.

[57] HAN J, HANNAH M, PIQUETTE A, et al. Europium-Activated $KSrPO_4$-$(Ba, Sr)_2SiO_4$ Solid Solutions as Color-Tunable Phosphors for Near-UV Light-Emitting Diode Applications [J]. Journal of the American Ceramic Society, 2013, 96 (5): 1526-1532.

[58] WU Z, SHI J, WANG J, et al. A novel blue-emitting phosphor $LiSrPO_4$: Eu^{2+} for white LEDs [J]. Journal of Solid State Chemistry, 2006, 179 (8): 2356-2360.

[59] DHOBLE S. Preparation and characterization of the $Sr_5(PO_4)_3Cl$: Eu^{2+} phosphor [J]. Journal of Physics D: Applied Physics, 2000, 33 (2): 158-161.

[60] YU R, WANG J, ZHANG M, et al. A new blue-emitting phosphor of Ce^{3+}-activated $CaLaGa_3S_6O$ for white-light-emitting diodes [J]. Chemical Physics Letters, 2008, 453 (4): 197-201.

[61] LIU H, HE D, SHEN F. Luminescence Properties of Green-Emitting Phosphor $(Ba_{1-x}, Sr_x)_2SiO_4$: Eu^{2+} for White LEDS [J]. Journal of Rare Earths, 2006, 24 (1): 121-124.

[62] ZAWISZA B, SITKO R. Determination of trace elements in ZnS-Ag^+ and ZnS-Cu^+ type luminophore materials by X-ray fluorescence spectrometry following trace-matrix separation and co-precipitation [J]. Journal of Analytical Atomic Spectrometry, 2004, 19 (8): 995-999.

[63] KARAR N. Photoluminescence from doped ZnS nanostructures [J]. Solid State Communications, 2007, 142 (5): 261-264.

[64] WU Z, SHI J, WANG J, et al. Synthesis and luminescent properties of $SrAl_2O_4$: Eu^{2+} green-emitting phosphor for white LEDs [J]. Materials Letters, 2006, 60 (29): 3499-3501.

[65] SHAFIA E, BODAGHI M, TAHRIRI M. The influence of some processing conditions on host crystal structure and phosphorescence properties of $SrAl_2O_4$: Eu^{2+}, Dy^{3+} nanoparticle pigments synthesized by combustion technique [J]. Current Applied Physics, 2010, 10 (2): 596-600.

[66] NAKAZAWA E, MURAZAKI Y, SAITO S. Mechanism of the persistent phosphorescence in $Sr_4Al_{14}O_{25}$: Eu and $SrAl_2O_4$: Eu codoped with rare earth ions [J]. Journal of Applied Physics, 2006, 100 (11): 113113.

[67] 李绍霞, 李大吉, 王亚平, 等. 白光 LED 用光转换材料的研究 [J]. 材料导报, 2008,

22 (4): 18-21, 25.

[68] CHANG C K, CHEN T M. White light generation under violet-blue excitation from tunable green-to-red emitting $Ca_2MgSi_2O_7$: Eu, Mn through energy transfer [J]. Applied Physics Letters, 2007, 90 (16): 161901.

[69] 杨萍，林建华，姚光庆. Luminescence and preparation of LED phosphor $Ca_8Mg(SiO_4)_4Cl_2$: Eu^{2+} [J]. 中国稀土学报（英文版），2005, 23 (5): 633-635.

[70] DA VILA L D, STUCCHI E B, DAVOLOS M R. Preparation and characterization of uniform, spherical particles of Y_2O_2S and Y_2O_2S: Eu [J]. Journal of Materials Chemistry, 1997, 7 (10): 2113-2116.

[71] JEAN J H, YANG S M. Y_2O_2S: Eu red phosphor powders coated with silica [J]. Journal of the American Ceramic Society, 2000, 83 (8): 1928-1934.

[72] KUANG J, LIU Y, YUAN D. Preparation and characterization of Y_2O_2S: Eu^{3+} phosphor via one-step solvothermal process [J]. Electrochemical and Solid-State Letters, 2005, 8 (9): 72-74.

[73] XIA Z, CHEN D, YANG M, et al. Synthesis and luminescence properties of YVO_4: Eu^{3+}, Bi^{3+} phosphor with enhanced photoluminescence by Bi^{3+} doping [J]. Journal of Physics and Chemistry of Solids, 2010, 71 (3): 175-180.

[74] CHOI S, MOON Y M, JUNG H K. Enhanced luminescence by charge compensation in red-emitting Eu^{3+}-activated $Ca_3Sr_3(VO_4)_4$ [J]. Materials Research Bulletin, 2010, 45: 118-120.

[75] RAO B V, JANG K, LEE H S, et al. Synthesis and photoluminescence characterization of RE^{3+} ($=Eu^{3+}$, Dy^{3+}) -activated $Ca_3La(VO_4)_3$ phosphors for white light-emitting diodes [J]. Journal of Alloys and Compounds, 2010, 496 (2): 251-255.

[76] LIANG Z H, LU F Q, ZHANG H L, et al. Preparation of YVO_4: Eu^{3+}, Ln (Ln = Bi^{3+}, La^{3+}, Li^+) Red Phosphors by Combustion Synthesis and their Luminescence Properties [C]. Materials Science Forum, 2011, 663: 162-165.

[77] NEERAJ S, KIJIMA N, CHEETHAM A. Novel red phosphors for solid-state lighting: The system $NaM(WO_4)_{2-x}(MoO_4)_x$: Eu^{3+} (M = Gd, Y, Bi) [J]. Chemical Physics Letters, 2004, 387 (1): 2-6.

[78] CHIU C H, LIU C H, HUANG S B, et al. White-light-emitting diodes using red-emitting $LiEu(WO_4)_{2-x}(MoO_4)_x$ phosphors [J]. Journal of the Electrochemical Society, 2007, 154 (7): 181-184.

[79] GUO C, GAO F, XU Y, et al. Efficient red phosphors $Na_5Ln(MoO_4)_4$: Eu^{3+} (Ln = La, Gd and Y) for white LEDs [J]. Journal of Physics D: Applied Physics, 2009, 42 (9): 095407.

[80] ZHAO X, WANG X, CHEN B, et al. Novel Eu^{3+}-doped red-emitting phosphor $Gd_2Mo_3O_9$ for white-light-emitting-diodes (WLEDs) application [J]. Journal of Alloys and Compounds, 2007, 433 (1): 352-355.

[81] ZHAO X, WANG X, CHEN B, et al. Luminescent properties of Eu^{3+} doped α-$Gd_2(MoO_4)_3$ phosphor for white light emitting diodes [J]. Optical Materials, 2007, 29 (12): 1680-1684.

[82] YANG Y L, LI X M, FENG W L, et al. Synthesis and characteristic of CaMoO$_4$: Eu^{3+} red phosphor for W-LED by co-precipitation [J]. Journal of Inorganic Materials, 2010, 25 (10): 1015-1019.

[83] SOHN K S, PARK D H, CHO S H, et al. Computational evolutionary optimization of red phosphor for use in tricolor white LEDs [J]. Chemistry of Materials, 2006, 18 (7): 1768-1772.

[84] ZHANG X, ZHANG J, ZHANG X, et al. Size manipulated photoluminescence and phosphorescence in CaTiO$_3$: Pr^{3+} nanoparticles [J]. The Journal of Physical Chemistry C, 2007, 111 (49): 18044-18048.

[85] TANG W, CHEN D. Enhanced red emission in CaTiO$_3$: Pr^{3+}, Bi^{3+}, B^{3+} phosphors [J]. Physica Status Solidi (A), 2009, 206 (2): 229-232.

[86] DU H, SUN J, XIA Z, et al. Luminescence properties of Ba$_2$Mg(BO$_3$)$_2$: Eu^{2+} red phosphors synthesized by a microwave-assisted sol-gel route [J]. Journal of the Electrochemical Society, 2009, 156 (12): 361-366.

[87] DIAZ A, KESZLER D A. Eu^{2+} luminescence in the borates X$_2$Z(BO$_3$)$_2$ (X = Ba, Sr; Z = Mg, Ca) [J]. Chemistry of Materials, 1997, 9 (10): 2071-2077.

[88] DIRKSEN G, BLASSE G. Luminescence in the pentaborate LiBa$_2$B$_5$O$_{10}$ [J]. Journal of Solid State Chemistry, 1991, 92 (2): 591-593.

[89] LI Y, VAN STEEN J, VAN KREVEL J, et al. Luminescence properties of red-emitting M$_2$Si$_5$N$_8$: Eu^{2+} (M = Ca, Sr, Ba) LED conversion phosphors [J]. Journal of Alloys and Compounds, 2006, 417 (1): 273-279.

[90] ZEUNER M, HINTZE F, SCHNICK W. Low temperature precursor route for highly efficient spherically shaped LED-phosphors M$_2$Si$_5$N$_8$: Eu^{2+} (M = Eu, Sr, Ba) [J]. Chemistry of Materials, 2008, 21 (2): 336-342.

[91] ZEUNER M, SCHMIDT P J, SCHNICK W. One-pot synthesis of single-source precursors for nanocrystalline LED phosphors M$_2$Si$_5$N$_8$: Eu^{2+} (M = Sr, Ba) [J]. Chemistry of Materials, 2009, 21 (12): 2467-2473.

[92] LI H L, XIE R J, HIROSAKI N, et al. Synthesis and Luminescence Properties of Orange-Red-Emitting M$_2$Si$_5$N$_8$: Eu^{2+} (M = Ca, Sr, Ba) Light-Emitting Diode Conversion Phosphors by a Simple Nitridation of MSi$_2$ [J]. International Journal of Applied Ceramic Technology, 2009, 6 (4): 459-464.

[93] CHEN C, CHEN W, RAINWATER B, et al. M$_2$Si$_5$N$_8$: Eu^{2+}-based (M = Ca, Sr) red-emitting phosphors fabricated by nitrate reduction process [J]. Optical Materials, 2011, 33 (11): 1585-1590.

[94] KIM Y I, KIM K B, LEE Y H, et al. Structural Chemistry of M$_2$Si$_5$N$_8$: Eu^{2+} (M = Ca, Sr, Ba) Phosphor via Structural Refinement [J]. Journal of Nanoscience and Nanotechnology, 2012, 12 (4): 3443-3446.

[95] YEH C W, CHEN W T, LIU R S, et al. Origin of Thermal Degradation of Sr$_{2-x}$Si$_5$N$_8$: Eu$_x$ Phosphors in Air for Light-Emitting Diodes [J]. Journal of the American Chemical Society,

2012, 134 (34): 14108-14117.

[96] CHEN W T, SHEU H S, LIU R S, et al. Cation-size-mismatch tuning of photoluminescence in oxynitride phosphors [J]. Journal of the American Chemical Society, 2012, 134 (19): 8022-8025.

[97] UHEDA K, HIROSAKI N, YAMAMOTO H, et al. The Crystal Structure and Photoluminescence Properties of a New Red Phosphor, Calcium Aluminum Silicon Nitride Doped with Divalent Euroium [C] //The Electrochemical Society 206th Meeting, Honolulu, HI, Oct., 2004.

[98] UHEDA K, HIROSAKI N, YAMAMOTO Y, et al. Luminescence properties of a red phosphor, CaAlSiN$_3$: Eu^{2+}, for white light-emitting diodes [J]. Electrochemical and Solid-State Letters, 2006, 9 (4): 22-25.

[99] PIAO X, MACHIDA K I, HORIKAWA T, et al. Preparation of CaAlSiN$_3$: Eu^{2+} phosphors by the self-propagating high-temperature synthesis and their luminescent properties [J]. Chemistry of Materials, 2007, 19 (18): 4592-4599.

[100] LEI B, MACHIDA K I, HORIKAWA T, et al. Synthesis and photoluminescence properties of CaAlSiN$_3$: Eu^{2+} nanocrystals [J]. Chemistry Letters, 2010, 39 (2): 104-105.

[101] KIM H S, HORIKAWA T, HANZAWA H, et al. Luminescence properties of CaAlSiN$_3$: Eu^{2+} mixed nitrides prepared by carbothermal process [J]. Journal of Physics: Conference Series, 2012, 379: 012016.

[102] LI Y, DELSING A, DE WITH G, et al. Luminescence properties of Eu^{2+}-activated alkaline-earth silicon-oxynitride MSi$_2$O$_{2-\delta}$N$_{2+2/3\delta}$ (M= Ca, Sr, Ba): A promising class of novel LED conversion phosphors [J]. Chemistry of Materials, 2005, 17 (12): 3242-3248.

[103] BACHMANN V, RONDA C, OECKLER O, et al. Color point tuning for (Sr, Ca, Ba)Si$_2$O$_2$N$_2$: Eu^{2+} for white light LEDs [J]. Chemistry of Materials, 2008, 21 (2): 316-325.

[104] SONG Y, PARK W, YOON D. Photoluminescence properties of Sr$_{1-x}$Si$_2$O$_2$N$_2$: Eu$_{2+x}$ as green to yellow-emitting phosphor for blue pumped white LEDs [J]. Journal of Physics and Chemistry of Solids, 2010, 71 (4): 473-475.

[105] YANG X, SONG H, YANG L, et al. Reaction mechanism of SrSi$_2$O$_2$N$_2$: Eu^{2+} phosphor prepared by a direct silicon nitridation method [J]. Journal of the American Ceramic Society, 2011, 94 (1): 164-171.

[106] BOTTERMAN J, VAN DEN EECKHOUT K, BOS A, et al. Persistent luminescence and mechanoluminescence in BaSi$_2$O$_2$N$_2$: Eu [C]. 8th International conference on Luminescent Detectors and Transformers of Ionizing Radiation, 2012.

[107] JACK K, WILSON W. Ceramics based on the Si-Al-ON and related systems [J]. Nature, 1972, 238 (80): 28-29.

[108] LEWIS M, POWELL B, Drew P, et al. The formation of single-phase Si-Al-ON ceramics [J]. Journal of Materials Science, 1977, 12 (1): 61-74.

[109] MACKENZIE K, MEINHOLD R, WHITE G, et al. Carbothermal formation of β'-Sialon from kaolinite and halloysite studied by 29Si and 27Al solid state MAS NMR [J]. Journal of

Materials Science, 1994, 29 (10): 2611-2619.

[110] ZHOU Y, VLEUGELS J, LAOUI T, et al. Preparation and properties of X-Sialon [J]. Journal of Materials Science, 1995, 30 (18): 4584-4590.

[111] CAO G Z, METSELAAR R. α'-Sialon ceramics: A review [J]. Chemistry of Materials, 2009, 3 (2): 242-252.

[112] EKSTRÖM T, NYGREN M. Sialon ceramics [J]. Journal of the American Ceramic Society, 1992, 75 (2): 259-276.

[113] KARUNARATNE B, LUMBY R, LEWIS M. Rare-earth-doped α'-Sialon ceramics with novel optical properties [J]. Journal of Materials Research, 1996, 11 (11): 2790-2794.

[114] SHEN Z, NYGREN M, HALENIUS U. Absorption spectra of rare-earth-doped α-Sialon ceramics [J]. Journal of Materials Science Letters, 1997, 16 (4): 263-266.

[115] SUEHIRO T, HIROSAKI N, XIE R J, et al. Powder synthesis of Ca-α'-Sialon as a host material for phosphors [J]. Chemistry of Materials, 2005, 17 (2): 308-314.

[116] SUEHIRO T, ONUMA H, HIROSAKI N, et al. Powder synthesis of Y-α-Sialon and its potential as a phosphor host [J]. The Journal of Physical Chemistry C, 2009, 114 (2): 1337-1342.

[117] PIAO X Q, MACHIDA K I, HORIKAWA T, et al. Synthesis and luminescent properties of low oxygen contained Eu^{2+}-doped Ca-α-Sialon phosphor from calcium cyanamide reduction [J]. Journal of Rare Earths, 2008, 26 (2): 198-202.

[118] LIU L, XIE R J, HIROSAKI N, et al. Temperature Dependent Luminescence of Yellow-Emitting α-Sialon: Eu^{2+} Oxynitride Phosphors for White Light-Emitting Diodes [J]. Journal of the American Ceramic Society, 2009, 92 (11): 2668-2673.

[119] YANG J, SONG Z, BIAN L, et al. An investigation of crystal chemistry and luminescence properties of Eu-doped pure-nitride α-Sialon fabricated by the alloy-nitridation method [J]. Journal of Luminescence, 2012, 132 (9): 2390-2397.

[120] KIMOTO K, XIE R J, MATSUI Y, et al. Direct observation of single dopant atom in light-emitting phosphor of β-Sialon: Eu^{2+} [J]. Applied Physics Letters, 2009, 94 (4): 041908.

[121] RYU J H, PARK Y G, WON H S, et al. Luminescent properties of β-Sialon: Eu^{2+} green phosphors for white light emitting diodes [C]. Meeting Abstracts, 2008, 116 (1351): 389-394.

[122] RYU J H, WON H S, PARK Y G, et al. Synthesis of $Eu_x Si_{6-z} Al_z O_z N_{8-z}$ green phosphor and its luminescent properties [J]. Applied Physics A, 2009, 95 (3): 747-752.

[123] SUEHIRO T, HIROSAKI N, XIE R J, et al. Blue-emitting $LaSi_3 N_5$: Ce^{3+} fine powder phosphor for UV-converting white light-emitting diodes [J]. Applied Physics Letters, 2009, 95 (5): 051903.

[124] DUAN C, WANG X, OTTEN W, et al. Preparation, electronic structure, and photoluminescence properties of Eu^{2+}-and Ce^{3+}/Li^+-activated alkaline earth silicon nitride $MSiN_2$ (M= Sr, Ba) [J]. Chemistry of Materials, 2008, 20 (4): 1597-1605.

[125] HECHT C, STADLER F, SCHMIDT P J, et al. $SrAlSi_4 N_7$: Eu^{2+}—A nitridoalumosilicate

phosphor for warm white light (pc) LEDs with edge-sharing tetrahedra [J]. Chemistry of Materials, 2009, 21 (8): 1595-1601.

[126] UHEDA K, HIROSAKI N, YAMAMOTO H. Host lattice materials in the system Ca_3N_2-AlN-Si_3N_4 for white light emitting diode [J]. Physica Status Solidi (A), 2006, 203 (11): 2712-2717.

[127] LI Y, HIROSAKI N, XIE R, et al. Yellow-orange-emitting $CaAlSiN_3$: Ce^{3+} phosphor: Structure, photoluminescence, and application in white LEDs [J]. Chemistry of Materials, 2008, 20 (21): 6704-6714.

[128] XIE R J, HIROSAKI N, MITOMO M, et al. Strong green emission from α-Sialon activated by divalent ytterbium under blue light irradiation [J]. The Journal of Physical Chemistry B, 2005, 109 (19): 9490-9494.

[129] UHEDA K, SHIMOOKA S, MIKAMI M, et al. Synthesis and Characterization of New Green Oxonitridosilicate Phosphor, $(Ba, Eu)_3Si_6O_{12}N_2$, for White LED [C]. Meeting Abstracts, 2008: 3195.

[130] WANG X J, WANG L, TAKEDA T, et al. Blue-Emitting $Sr_3Si_{8-x}Al_xO_{7+x}N_{8-x}$: Eu^{2+} Discovered by a Single-Particle-Diagnosis Approach: Crystal Structure, Luminescence, Scale-Up Synthesis, and Its Abnormal Thermal Quenching Behavior [J]. Chemistry of Materials, 2015, 27 (22): 7689-7697.

[131] HIROSAKI N, XIE R, SAKUMA K. Development of New Nitride Phosphors for White LEDs [J]. Ceramics Japan, 2006, 41 (8): 602.

[132] TAKAHASHI K, HARADA M, YOSHIMURA K I, et al. Improved Photoluminescence of Ce^{3+} Activated $LaAl(Si_{6-z}Al_z)(N_{10-z}O_z)$ Blue Oxynitride Phosphors by Calcium Co-Doping [J]. ECS Journal of Solid State Science and Technology, 2012, 1 (4): 109-112.

2 材料的制备与表征技术

2.1 样品的制备

2.1.1 原料

除特殊说明之外，本书所用的原料均由市场购买而得，所有原料没有经过特殊的提纯过程。主要原料及相应信息如表 2-1 所示。

表 2-1 实验所用主要试剂信息

化学式	纯度	相对分子质量	产　　地
Si_3N_4	≥99.5%	140.28	西格玛奥德里奇（上海）贸易有限公司
Ca_3N_2	≥95.0%	148.25	西格玛奥德里奇（上海）贸易有限公司
Sr_3N_2	≥95.0%	290.87	西格玛奥德里奇（上海）贸易有限公司
AlN	≥98.0%	40.99	西格玛奥德里奇（上海）贸易有限公司
LaN	99.9%	152.92	西格玛奥德里奇（上海）贸易有限公司
MgO	分析纯	40.30	上海沪试实验室器材股份有限公司
SiO_2	分析纯	60.08	厦门通士达照明有限公司
$CaCO_3$	分析纯	100.08	天津市光复科技发展有限公司
$BaCO_3$	分析纯	197.33	厦门通士达照明有限公司
Eu_2O_3	99.99%	351.92	甘肃稀土新材料股份有限公司
BaF_2	分析纯	175.32	国药集团化学试剂有限公司

2.1.2 实验设备

样品制备过程中用到的主要设备有电子天平、高温气氛管式炉、高温高真空气压烧结炉等，详细信息如表 2-2 所示。

表 2-2 实验所用主要设备

实验仪器与设备	型 号	生产厂家
电子天平	Sartorius BP221S	德国赛多利斯有限公司
手套操作箱	Super（1220/750/900）	米开罗那（中国）有限公司
电热恒温鼓风干燥箱	DHG-9140A	上海益恒实验仪器有限公司
超声波清洗器	KQ5200	昆山市超声仪器有限公司
高速冷冻离心机	Sigma 3K30	德国希格玛离心机有限公司
智能控温节能电炉	SX3-4-10	天津中环实验电炉有限公司
高温管式气氛电阻炉	GSL-1700X	合肥科晶材料有限公司
高温高真空气压烧结炉	ZTQ-45-21	上海晨华电炉有限公司

2.1.3 实验过程

采用传统的高温固相法制备氮氧化物。由于高温固相法工艺简单、利于大规模生产等优点，现已成为稀土发光材料常用的制备方法。高温固相法制备过程如下：

（1）用电子天平按照化学计量比准确称取原材料，依次放入玛瑙研钵中。

（2）在玛瑙研钵中加入少许酒精，通过不断研磨使样品均匀混合。

（3）将研磨好的样品置于坩埚中，在管式气氛炉内按照设定程序进行一定时间的高温灼烧。

（4）随炉自然冷却到室温状态后，研磨得到所需样品。

高温固相法示意图见图 2-1。具体的制备条件详见后续各章节的结果与讨论部分。

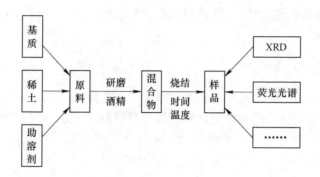

图 2-1 高温固相法示意图

实验制备氮化物均采用高温高压法。因为氮化物的制备需要在无氧的条件下煅烧，所以在高温高压炉中制备氮化物荧光粉。高温高压法制备过程如下：

（1）用手套箱中电子天平按照化学计量比准确称取原材料，依次放入玛瑙研钵中，并保持手套箱在 O_2 与 H_2O 含量都小于 $0.1×10^{-4}\%$ 下进行研磨。

（2）在玛瑙研钵中使样品混合均匀。

（3）将研磨好的混合材料置于氮化硼坩埚中，在高温高压炉内按照设定程序进行一定时间的高温灼烧。

（4）随炉自然冷却到室温状态后，即得到所需样品。

2.2 样品的测试与表征

制备好样品之后，使用 X 射线粉末衍射（XRD）仪来确定样品的相成分；吸收反射光谱通过紫外-可见分光光度计进行测试；样品激发和发射峰的位置及形状的测试通过荧光光谱（激发 PLE，发射 PL）来确定；使用衰减来分析激活剂离子之间的能量传递等；使用温度控制的荧光光谱确定样品的热猝灭性能及分析混合相样品的 5d 能级位置；使用积分球计算样品的量子效率。

2.2.1 XRD

材料的结构决定材料的性能，理解所制备样品的成分及其结构是分析其发光性能的一个重要方面。目前，主要的相成分分析手段有三种，即 X 射线衍射、电子衍射和中子衍射。X 射线衍射是最为常见的相分析手段。本书中，所制备样品的相成分均使用 Rigaku D/max-2400 型 X 射线粉末衍射仪（Rigaku Corporation，Japan）进行分析，测试条件为电流 60mA、电压 40kV，X 射线发生器采用 CuKα，射线束波长 0.154178nm，扫描步进 0.02°，速度 20°/min，范围 10° ~

80°。当使用精修软件对样品进行精修时，测试条件中的扫描速度改为 2~5(°)/min，范围改为 10°~110°。

2.2.2　吸收反射光谱

吸收反射光谱也是发光材料的重要特性。测量吸收光谱是测量吸收系数随频率的变化。通常用氙灯作为发射光源，经过单色仪分光后的光，通过测试样品，用光电（倍增）管测量其减弱的倍数，来计算在此波长的吸收系数。目前用来测试吸收光谱的设备称为分光光度计，其光路如图 2-2 所示。

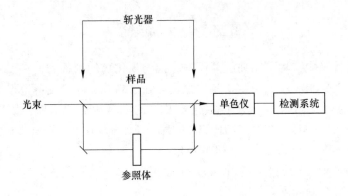

图 2-2　分光光度计光路图

对于粉末样品，通常是测试样品的漫反射率，由漫反射率推导出样品的吸收情况。测这种光谱时，光路图类似于图 2-2，只是其透射光和入射光在样品的同一侧。通常情况下，认为 $BaSO_4$ 对光的吸收为 0，故可以将这种样品作为参照体，其漫反射率看作是 100%。只要将所测试样品与参照体相比，即可知道样品吸收的强弱。本书中样品的吸收和反射光谱采用美国 Perkin Elmer（PE）公司生产的 LAMBDA 950 测试仪进行测试，使用的参照体为 $BaSO_4$。

2.2.3　荧光光谱

荧光光谱包括激发光谱和发射光谱。根据斯托克斯定则（Stokes' law），发光材料的发射光谱波长总是大于激发光谱的波长。激发光谱波长与发射光谱波长之差称为斯托克斯位移（Stokes shift）。斯托克斯位移是用来表征发光材料的一个重要指标。发光材料的斯托克斯位移可以通过测量出发光材料的激发光谱和发射光谱并计算获得。激发光谱的测量原理如图 2-3 所示。通过单色仪将光源的光转换成所需要的监控波长，来监控样品的发光。得到的发光经过单色仪后，测出其强度随激发波长的变化，则得该监控波长的激发光谱。发射光谱的测量示意图如图 2-4 所示。本书的相关工作使用 FLS920T-VM504 光谱仪系统（Endingburgn 公司，苏格兰）和 Fluorlog-3 光谱仪系统（HORIBA JOBIN YVON 公司，法国）测量样品的激发和发射光谱。同时，本书中发光材料的发光强度（亮度）也使用 Fluorlog-3 光谱仪系统测量获得。在测量发光材料的发光强度时，采用商用粉作为参照物。

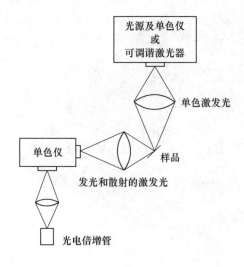

图 2-3　激发光谱测量原理图

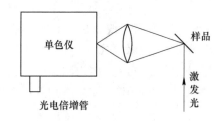

图 2-4　发射光谱测量原理图

1931 年国际照明委员会（CIE，Commission Internationale de l'Eclairage）将红绿蓝三基色变换为数学曲线，即现在所说的 CIE 色坐标图。从色坐标图中不仅可以知道样品的颜色，还可获得纯度，而色纯度对表征荧光粉性能非常重要。荧光粉或者发光材料的色坐标值尽可能接近 CIE 色坐标图的边界，即越靠近边界，色纯度越高。使用发射光谱可计算样品的色坐标值，采用 PR650 软件和 CIE1931xy（版本：1.6.0.2）来计算样品的色坐标值，图 2-5 为 CIE1931xy 软件的色坐标图。

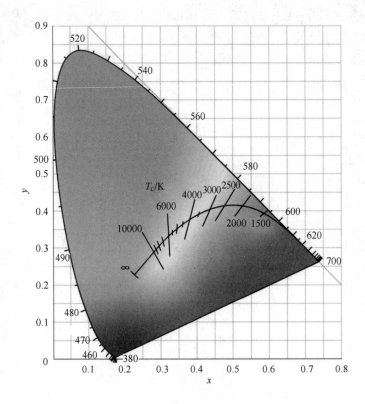

图 2-5 彩图

图 2-5   CIE 色坐标图

图 2-5 中的黑色弧线称为黑体辐射线。色坐标值与激发波长的连线和黑体辐射线的交点为色温，色温单位为 K，也是表征发光材料发光性能的重要参数。一般来说，白炽灯色温低于 3000K，称为暖白光，这是因为白炽灯含有红光成分；而日光灯色温一般大于 5000K，称为冷白光，这是因为日光灯中含有蓝光成分。

2.2.4   衰减

使用 FLS920T-VM504 光谱仪系统（Endingburgn 公司，苏格兰）测试样品的衰减。

2.2.5   温度控制的荧光光谱

使用 TAP-02 温度控制仪（天美（中国）科学仪器有限公司）结合荧光光谱测试样品的热稳定性。该温度控制仪使用 Cu 加热台和石英片作为样品槽，测试范围为 20~250℃，测试精确度为 0.02℃。

2.2.6 量子效率测量

使用 FLS920T-VM504 光谱仪系统（Endingburgn 公司，苏格兰）测试样品的量子效率。

以上除温度控制的荧光光谱之外，其余均在室温下测量。

3 氮氧化物绿色发光材料 $Ba_3Si_6O_{12}N_2$：Eu^{2+} 发光性能的研究

3.1 绿色发光材料 $Ba_3Si_6O_{12}N_2$：Eu^{2+} 掺杂 Ca^{2+} 发光性能的研究

稀土激活氮化物/氮氧化物发光材料引起了学者们的广泛关注，因为其具有优异的发光性能，并可以很好地应用于白光 LED 中，其中包括 Eu^{2+} 掺杂的 $M_2Si_5N_8$（M = Ba、Sr 和 Ca）[1-3] 和 $CaAlSiN_3$[4] 红色荧光粉、β-Sialon[5-7]、$MSi_2O_2N_2$（M = Ba、Sr 和 Ca）[8-11] 和 $Sr_5Al_{5+x}Si_{21-x}N_{35-x}O_{2+x}$（$x \approx 0$）[12] 绿色荧光粉、α-Sialon[13-14]，以及 Ce^{3+} 激活 $CaAlSiN_3$[15]、$Y_3Si_6N_{11}$[16]、$La_3Si_6N_{11}$[17-18] 和 $SrAlSi_4N_7$[19-20] 黄色荧光粉等。β-Sialon：Eu^{2+} 是一种具有优秀发光性能的商用绿色荧光粉，其发射峰半峰宽为 55nm，这使其可以广泛应用在白光 LED 中，然而合成 β-Sialon：Eu^{2+} 通常需要高温（1800~2000℃）和高压（大于 1.0MPa）。为了降低生产成本，探索在低温常压条件下合成的适用于白光 LED 的新的绿色氮氧化物荧光粉是非常有意义的。许多绿色发光材料，包括正硅酸盐 Sr_2SiO_4：Eu^{2+}、Ba_2SiO_4：Eu^{2+}[21-22] 和硫代镓酸盐 MGa_2S_4：Eu^{2+}（M = Ca，Sr，Ba）[23-24] 被开发出来，希望可以应用于白光 LED 中。但这些荧光粉具有热猝灭性能较差并且对湿度敏感等缺点，难以实际应用在白光 LED 中。

最近，Eu^{2+} 掺杂绿色发光材料 $Ba_3Si_6O_{12}N_2$：Eu^{2+} 引起了极大关注，这是由于其具有简单的合成方式、优异的热稳定性和较高的量子效率。此外，它具有很高的色纯度，与商用绿色荧光粉 β-Sialon：Eu^{2+} 相似，因此 $Ba_3Si_6O_{12}N_2$：Eu^{2+} 有潜力应用于白光 LED 中[25-28]。到目前为止，研究 $Ba_3Si_6O_{12}N_2$：Eu^{2+} 的文章主要研究不同 Eu^{2+} 浓度对其发光性能的影响与不同的助熔剂的加入对其发光性能的影响。而这些合成方法大部分需要高温和高压，或者首先要合成前驱体[29-30]。这些方法还需要复杂的设备和步骤，所以还有可以改进的空间。据笔者所知，现在还没有 $Ba_3Si_6O_{12}N_2$：Eu^{2+} 中掺杂 Ca^{2+} 与 Mg^{2+} 的研究，掺杂 Ca^{2+} 与 Mg^{2+} 后的结构与发光性能之间的关系并没有报道鉴于此，本章相关研究在基质中掺杂了不同浓度的 Ca^{2+}，希望可以改变 $Ba_3Si_6O_{12}N_2$：Eu^{2+} 的发光性能；另在基质中掺杂了不同浓度的 Mg^{2+}，并希望得到预期结果。

3.1.1　$Ba_3Si_6O_{12}N_2$：Eu^{2+}，Ca^{2+}的制备

按照化学计量比称取 $BaCO_3$（分析纯）、$CaCO_3$（分析纯）、Si_3N_4（分析纯）、SiO_2（分析纯）、Eu_2O_3（99.99%），按照化学计量比准确称取原料后将原料置于玛瑙研钵中，添加少量酒精后充分研磨至混合均匀，置于刚玉坩埚中，在还原气氛（N_2 与 H_2 摩尔分数之比为 95%：5%）保护下于 1300~1400℃ 煅烧 6h，而后降至室温得到样品，升降温速率均为 5℃/min。

3.1.2　结果与讨论

首先尝试了不同的煅烧温度（1350~1380℃），来寻找最合适的合成条件。图 3-1 是不同反应温度时得到产物的 XRD 图谱，图中从下到上温度依次是上升的，1350℃ 时，产物中的主相为 $Ba_3Si_6O_{12}N_2$，但是结晶性不好，所以继续升高温度探究其最佳合成温度。当反应温度为 1360℃ 和 1370℃ 时，产物中的主相是 $Ba_3Si_6O_{12}N_2$ 相，但样品在 1360℃ 时结晶性更好。把反应温度提高到 1380℃ 时，就会出现正硅酸盐的杂质相。因此，最佳反应温度为 1360℃，接下来的研究也都是在这一温度基础上进行的。

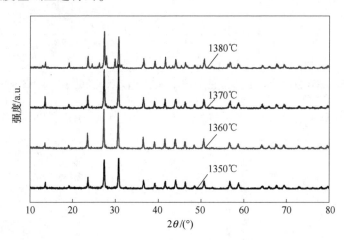

图 3-1　$Ba_{3-x}Eu_xSi_6O_{12}N_2$ 在不同反应温度时产物的 XRD 图谱

图 3-2 是系列样品 $Ba_{3-x}Eu_xSi_6O_{12}N_2$（$0.1 \leqslant x \leqslant 0.3$）的 XRD 图谱，一般来说，合成 $Ba_3Si_6O_{12}N_2$：Eu^{2+} 时总会出现正硅酸盐的杂质相，对发光性能有很大的影响，并且会导致 $Ba_3Si_6O_{12}N_2$：Eu^{2+} 绿色荧光粉热稳定性下降。在初始原料中，当 $x(Si)/x(Ba)$ 和 $x(O)/x(Ba)$ 过高时，会出现单斜晶系的 $Ba_5Si_8O_{21}$ 和正交晶系的 $BaSi_2O_5$ 杂质。与 $Ba_3Si_6O_{12}N_2$ 含有共角的 $[SiO_3N]$ 四面体相似，这两种含 Ba^{2+} 的正硅酸盐都是由共角的 $[SiO_4]$ 四面体组成的[31]，所以笔者

通过提高 $x(N)/x(Ba)$ 的方法（提高原料中 Si_3N_4 的比例）使得到的样品中并没有出现单斜晶系的 $Ba_5Si_8O_{21}$ 和正交晶系的 $BaSi_2O_5$ 杂质。从图 3-2 中可以看出，$Ba_{2.7}Eu_{0.3}Si_6O_{12}N_2$ 具有最高的结晶度，衍射峰强度最高，并且其衍射峰峰位与 Mikami 等报道的完全相同[25]；而且在图中并没有发现其他的杂质峰，这说明并没有其他杂质相的出现。合成 $Ba_{3-x}Eu_xSi_6O_{12}N_2$ 单相最大的难点就是控制原料中 Si_3N_4 的含量，这也是在大量的实验基础上探索发现的。

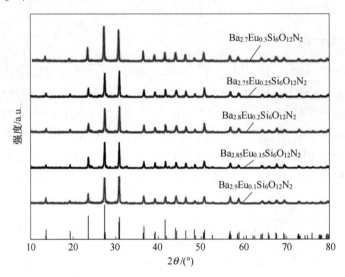

图 3-2 样品 $Ba_{3-x}Eu_xSi_6O_{12}N_2$ （$0.1 \leqslant x \leqslant 0.3$） 的 XRD 图谱

图 3-3 给出了样品 $Ba_{2.7}Eu_{0.3}Si_6O_{12}N_2$ 的 XRD 精修图谱，图中理论值和实验

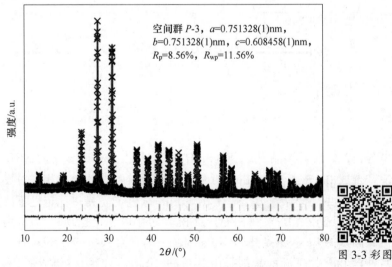

图 3-3 彩图

图 3-3 样品 $Ba_{2.7}Eu_{0.3}Si_6O_{12}N_2$ 的 XRD 精修图谱

值结果符合得很好，评价实验值和理论值匹配程度的参数 $R_p = 8.56\%$ 及 $R_{wp} = 11.56\%$，说明精修结果是可信的，即产物 $Ba_{2.7}Eu_{0.3}Si_6O_{12}N_2$ 为很好的单相。所得样品属三斜结构，其空间点群为 P-3；晶胞常数为 $a = b = 0.751328(1)nm$，$c = 0.608458(1)nm$。

图 3-4（a）表示样品 $Ba_3Si_6O_{12}N_2$ 的晶体结构垂直于 [001] 方向观察的晶体结构图，图 3-4（b）表示两种不同的 Ba^{2+} 在晶体中的配位情况。这是通过结构精修模拟出的晶胞结构。从图 3-4 中可以看出，$Ba_3Si_6O_{12}N_2$ 的晶体结构由 [SiO_3N] 四面体结构组成；Ba^{2+} 占据两个不同的格位，一个位于扭曲的八面体中被 6 个氧原子所包围，另一个被 6 个氧原子与 1 个氮原子包围。

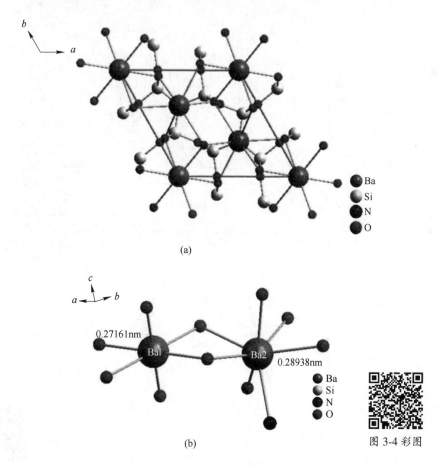

(a)

(b)

图 3-4 彩图

图 3-4 样品 $Ba_3Si_6O_{12}N_2$ 的晶体结构垂直于 [001] 方向观察的晶体结构(a)和
两种不同的 Ba^{2+} 在晶体中的配位情况(b)

样品的激发与发射光谱也被详细研究。图 3-5（a）是样品 $Ba_{3-x}Eu_xSi_6O_{12}N_2$

（ $0.1 \leqslant x \leqslant 0.3$ ）的激发与发射光谱图。$Ba_{2.8}Eu_{0.2}Si_6O_{12}N_2$ 的激发光谱在 525nm 的监控下，呈现出一个从 300~450nm 的宽带激发，其中包含两个激发峰，最高峰位于 350nm 左右和 405nm 左右，这归属为激发态 Eu^{2+} 的 $4f^65d^1$ 多重跃迁[1]。在 400nm 的激发下，$Ba_{3-x}Eu_xSi_6O_{12}N_2$ （ $0.1 \leqslant x \leqslant 0.3$ ）的发射光谱呈现出 450~600nm 的宽带发射，最高发射峰位于 525nm 处。考虑在 $Ba_{2.8}Eu_{0.2}Si_6O_{12}N_2$ 中，Ba^{2+} 具有两个格位，$Ba_{2.8}Eu_{0.2}Si_6O_{12}N_2$ 的发射峰可以拟合成两个高斯峰，最高峰分别位于 520nm 和 553nm 处。

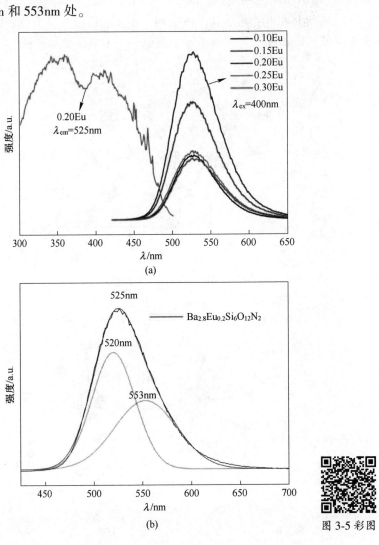

图 3-5　样品 $Ba_{3-x}Eu_xSi_6O_{12}N_2$ （ $0.1 \leqslant x \leqslant 0.3$ ）的激发与发射光谱图(a)和

$Ba_{2.8}Eu_{0.2}Si_6O_{12}N_2$ 的发射光谱高斯拟合图谱(b)

（图 (b) 中黑线是实验结果，红线与绿线为拟合结果）

掺杂不同浓度的 Eu^{2+} 对发光强度的影响也被详细研究。如图 3-5（a）所示，随着 Eu^{2+} 掺杂浓度的提高，发光强度逐渐提高，当掺杂 Eu^{2+} 浓度为 $x = 0.2$ 时，其发光强度达到最高。继续掺杂 Eu^{2+} 会发生浓度猝灭现象[31]，这主要是晶格中 Eu^{2+} 之间能量传递造成的。能量传递的发生主要是因为激活剂离子间的距离，当掺杂 Eu^{2+} 的浓度增加，Eu^{2+} 与 Eu^{2+} 之间的距离会逐渐变小，这样就会增加 Eu^{2+} 之间非辐射跃迁的概率，进而导致浓度猝灭现象的发生。同时笔者发现激发光谱与发射光谱之间有一个很小的交叠部分，再吸收导致的浓度猝灭可以忽略。发生能量传递的临界距离可以用式（3-1）表示[32]：

$$R_c = 2\left(\frac{3V}{4\pi x_c Z}\right)^{1/3} \tag{3-1}$$

式中，x_c 为激活剂离子的临界浓度；V 为单位晶胞的体积；Z 为单位晶胞内可以被激活剂离子占据的阳离子的数量。对于 $Ba_3Si_6O_{12}N_2$: Eu^{2+} 来说，$Z = 3$，$x_c = 0.25$，$V = 315.58 \times 10^{-3} nm^3$，通过式（3-1）可以得知其临界距离为 $1.328nm$。

图 3-6 是样品 $Ba_{2.9-x}Ca_xEu_{0.1}Si_6O_{12}N_2$（$0.03 \leqslant x \leqslant 0.45$）的 XRD 图谱。笔者在上述实验的基础上，在样品中掺杂了不同浓度的 Ca^{2+}，当掺杂浓度 $0.1 \leqslant x \leqslant 0.36$ 时，样品都是非常好的单相，并且与 Mikami 等[25]所报道的衍射峰位一致，没有任何杂质相的出现。从图 3-6 中可以看出，随着在 $Ba_{2.9-x}Ca_xEu_{0.1}Si_6O_{12}N_2$ 中掺杂 Ca^{2+} 浓度的增加，衍射峰位向大角度方向移动，这说明 Ca^{2+} 进入晶格中取代了 Ba^{2+} 的格位，导致衍射峰位的移动。这种峰位移动是由晶胞参数的变化也就是不同离子半径差 Ca^{2+}（$0.100nm$，6 配位）和 Ba^{2+}（$0.135nm$，6 配位）所导致的[33]。

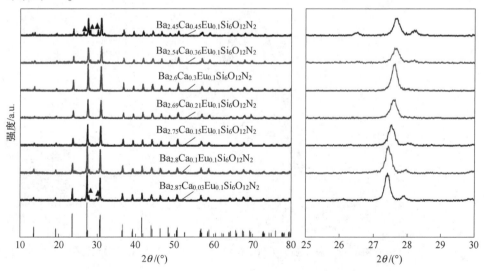

图 3-6　样品 $Ba_{2.9-x}Ca_xEu_{0.1}Si_6O_{12}N_2$（$0.03 \leqslant x \leqslant 0.45$）的 XRD 图谱

图 3-7 是样品 $Ba_{2.9-x}Ca_xEu_{0.1}Si_6O_{12}N_2$（$0.1 \leqslant x \leqslant 0.36$）的发射光谱图，从图中可以看出所有样品的发射光谱都非常相似，发射光谱都是从 450nm 到 600nm左右的一个宽带发射，最高发射峰位在 530nm 左右，这可以归属为 Eu^{2+} 从激发态 5d 能级到基态 4f 能级的允许跃迁[34]。随着在 $Ba_{2.9-x}Ca_xEu_{0.1}Si_6O_{12}N_2$ 中掺杂 Ca^{2+} 浓度的增加，样品的发射峰向长波长方向移动，从 525nm（$x=0.1$）移动到了 536nm（$x=0.36$）处。随着 Ca^{2+} 掺杂浓度的增加，样品的发光颜色逐渐从绿色变为黄绿色。这种发射光谱的红移现象可以通过晶体场强度的变化解释，晶体场的变化主要是因为小半径的 Ca^{2+} 取代了大半径的 Ba^{2+} 导致了晶格的收缩，所以晶体场强度变大导致发射光谱红移[35]。量子效率是直观表示样品发光强度的参数，量子效率 η 可以通过将式（3-2）代入式（3-3）获得。

$$\varphi = \frac{L_0(\lambda) - L_i(\lambda)}{L_0(\lambda)} \tag{3-2}$$

$$\eta = \frac{E_i(\lambda) - (1 - \varphi) E_0(\lambda)}{E_0(\lambda)\varphi} \tag{3-3}$$

式中，$L_0(\lambda)$ 为当样品被直接激发时激发轮廓的积分；$L_i(\lambda)$ 为从空的积分球得到的激发轮廓的积分；$E_0(\lambda)$ 和 $E_i(\lambda)$ 为由直接激发和间接照射而得到的粉末发光的积分。在 400nm 激发下，当 $x=0$ 和 $x=0.3$ 时，$Ba_{2.9-x}Ca_xEu_{0.1}Si_6O_{12}N_2$样品的量子效率分别为 35.2% 和 27.2%。随着 x 的增加而量子效率下降的原因是Ba^{2+} 和 Ca^{2+} 之间的半径差导致了晶格的扭曲[36]。这种较低的量子效率可以通过进一步的实验优化得到提高。

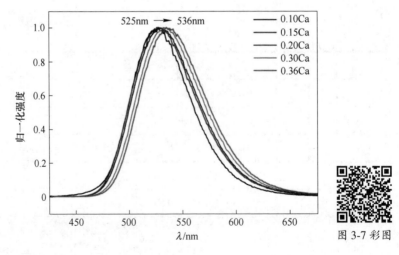

图 3-7　样品 $Ba_{2.9-x}Ca_xEu_{0.1}Si_6O_{12}N_2$（$0.1 \leqslant x \leqslant 0.36$）的发射光谱图

对于 LED 来说，发光材料的热稳定性也是其重要的参数之一。图 3-8（a）

和图 3-8（b）分别是样品 $Ba_{2.9}Eu_{0.1}Si_6O_{12}N_2$ 和 $Ba_{2.6}Ca_{0.3}Eu_{0.1}Si_6O_{12}N_2$ 在不同温度下的发射光谱图，从图中可以看出，当温度由 20℃升高到 230℃时，两个样品的发射光谱都发生了蓝移现象。这种现象可以通过热声子辅助隧穿效应进行解

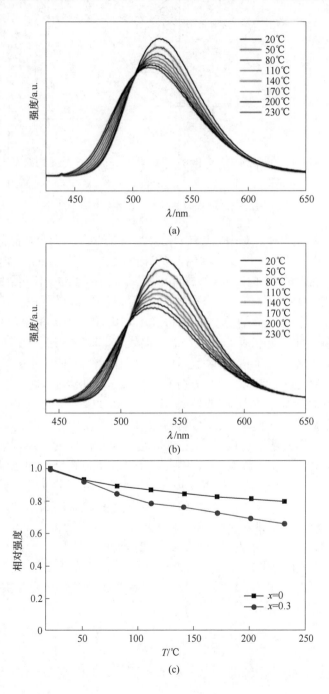

(a)

(b)

(c)

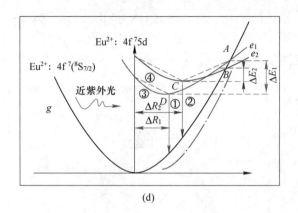

(d)

图 3-8 彩图

图 3-8 $Ba_{2.9}Eu_{0.1}Si_6O_{12}N_2$ 和 $Ba_{2.6}Ca_{0.3}Eu_{0.1}Si_6O_{12}N_2$ 在不同温度下的
发射光谱图(a)和(b)、$Ba_{2.9-x}Ca_xEu_{0.1}Si_6O_{12}N_2(x=0，0.3)$的
热猝灭趋势图(c)、样品的位型坐标图(d)

释。图 3-8 （c）是 $Ba_{2.9-x}Ca_xEu_{0.1}Si_6O_{12}N_2$ （$x=0$，0.3）两个样品的热猝灭趋势图，从图中可以发现，当温度升高到 150℃ 时（大功率 LED 的工作温度），发光强度分别是室温下的 83% 和 74%。样品 $Ba_{2.6}Ca_{0.3}Eu_{0.1}Si_6O_{12}N_2$ 的发射强度随着温度升高会比样品 $Ba_{2.9}Eu_{0.1}Si_6O_{12}N_2$ 的发射强度下降得更快，这说明掺杂的 Ca^{2+} 进入晶格中会对样品的热稳定性造成不利影响。这种现象可以通过图 3-8 （d）进行解释，曲线 g 代表 Eu^{2+} 的基态，曲线 e_1 和 e_2 分别是 Eu^{2+} 在 $[BaO_6]^{10-}$ 八面体包围下的激发态和 Eu^{2+} 在 $[CaO_6]^{10-}$ 八面体包围下的激发态。ΔR 是沿着 R 轴从基态到激发态的距离。A 和 B 分别是曲线 g 与曲线 e_1 和曲线 e_2 的交叉点，C 和 D 分别是曲线 e_1 和曲线 e_2 的最低点。ΔE_1 和 ΔE_2 分别是 D 到 A 和 C 到 B 的能量势垒。在笔者的实验中，Eu^{2+} 的浓度比较低，Eu^{2+} 与 Eu^{2+} 之间的距离比较大，为了简化这个问题，假设 Eu^{2+} 之间是没有相互作用的。在近紫外光的照射下，电子从基态 g 激发到激发态 e_1 和 e_2，在室温下，大部分的电子通过①和②的途径回到基态，但是随着温度的增加，越来越多的电子因为电子声子耦合作用通过③和④的途径经过交叉点 A 和 B 回到基态。在笔者的实验中，掺杂 Ca^{2+} 会改变晶体场和电子云重排效应，接着影响基态与激发态交叉点 A 和 B 的位置，进而这种掺杂决定了能量势垒 ΔE 的大小。根据实验结果所示的热稳定性质，这种猝灭原因可以通过图 3-8 （d）来进行解释，交叉点 B 的位置低于交叉点 A 的位置，所以导致了 $\Delta E_1 > \Delta E_2$。因此得知掺杂 Ca^{2+} 对热稳定性并没有起到促进作用。

3.1.3   小结

（1）通过高温固相法在还原气氛中成功制备了 Eu^{2+} 掺杂的 $Ba_3Si_6O_{12}N_2$ 绿色

发光材料，并且成功制备了没有正硅酸盐杂质峰的单相样品。

（2）通过 Ca^{2+} 掺杂，样品发射光谱红移了 10nm 左右。

（3）对样品热稳定性的变化给出了详细解释。

3.2 绿色发光材料 $Ba_3Si_6O_{12}N_2$：Eu^{2+} 掺杂 Mg^{2+}发光性能的研究

3.2.1 $Ba_3Si_6O_{12}N_2$：Eu^{2+}，Mg^{2+}的制备

按照化学计量比称取 $BaCO_3$（分析纯）、MgO（分析纯）、Si_3N_4（分析纯）、SiO_2（分析纯）、Eu_2O_3（99.99%），按照化学计量比准确称取原料后将原料置于玛瑙研钵中，添加少量酒精后充分研磨至混合均匀，置于刚玉坩埚中，在还原气氛（N_2 与 H_2 摩尔分数之比为 95%∶5%）保护下于 1300~1400℃煅烧 6h，而后降至室温得到样品，升降温速率均为 5℃/min。

3.2.2 结果与讨论

图 3-9（a）~（c）是 $Ba_3Si_6O_{12}N_2$的能带结构与其总态密度和其分态密度的密度泛函理论计算。局域密度近似（local-density approximation，LDA）是密度泛函理论的一类交换相关能量泛函中使用的近似。$Ba_3Si_6O_{12}N_2$拥有 4.815eV 的直接带隙，价带顶和导带底都在布里渊区的 G 点，价带顶是 0eV，导带底为 4.815eV。一般来说，计算出来的禁带宽度 4.815eV 要小于通过局域密度近似得到的实验值的禁带宽度。两种方式得到的禁带宽度都很接近 5eV[37-38]。从图 3-9（c）中可以看出，价带主要由 Si 3p、N 2p 和 O 2p 能级组成，而导带主要由 Ba 4d、Si 3p 和 Si 3s 能级组成。导带主要由 Ba 离子的能级组成，因此当 Eu^{2+} 掺杂时，其主要会占据 Ba^{2+}的格位。能带计算结果表明 $Ba_3Si_6O_{12}N_2$适合作为一种发光材料基质用于 Eu^{2+} 的掺杂。

图 3-9（d）表示 $Ba_3Si_6O_{12}N_2$、$Ba_{2.9}Eu_{0.1}Si_6O_{12}N_2$ 和 $Ba_{2.87}Eu_{0.1}Mg_{0.03}Si_6O_{12}N_2$ 的漫反射光谱图，插图是 $[F(R)×h\nu]^{1/2}$ 与能量 $h\nu$ 的关系图。$F(R)$ 是 Kubelka-Munk 函数[39]，R 是漫反射光谱的反射比。通过这种方法计算出的 $Ba_3Si_6O_{12}N_2$ 禁带宽度为 5.25eV。从图 3-9（d）没有掺杂的 $Ba_3Si_6O_{12}N_2$反射光谱图中还可以看出，在 276nm 处有一个很强的漫反射峰，这个反射峰可以归属为 $Ba_3Si_6O_{12}N_2$ 基质的反射峰；从掺杂 Eu^{2+} 的图中可以看到在 370nm 处出现了反射峰，这说明掺杂 Eu^{2+} 在 $Ba_3Si_6O_{12}N_2$ 带隙中建立了局域能级。$Ba_{2.9}Eu_{0.1}Si_6O_{12}N_2$ 和 $Ba_{2.87}Eu_{0.1}Mg_{0.03}Si_6O_{12}N_2$的漫反射图谱说明掺杂 Mg^{2+} 可以增加 $Ba_{2.9}Eu_{0.1}Si_6O_{12}N_2$ 的吸收强度。

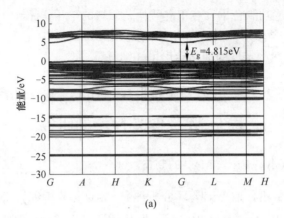

(a)

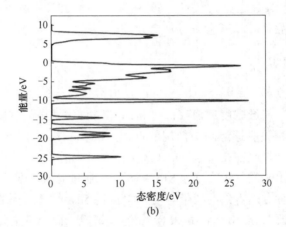

(b)

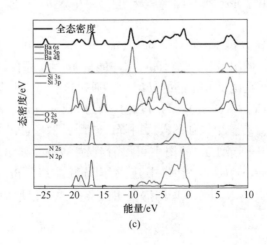

(c)

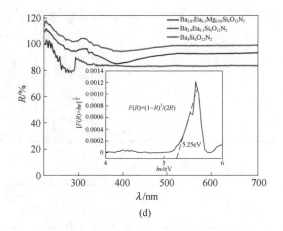

图 3-9 彩图

图 3-9 $Ba_3Si_6O_{12}N_2$ 的能带结构(a)、$Ba_3Si_6O_{12}N_2$ 的态密度(DOS)(b)、在 6~7eV 的范围内 $Ba_3Si_6O_{12}N_2$ 的总态密度与分态密度(c)、$Ba_3Si_6O_{12}N_2$ 的漫反射图谱(d)

(图(d)中插图给出了 $[F(R)\times h\nu]^{1/2}$ 与能量 $h\nu$ 的关系)

图 3-10 表示样品 $Ba_{2.9-x}Mg_xEu_{0.1}Si_6O_{12}N_2$（$0\leqslant x\leqslant 0.3$）的 XRD 图谱，从图中可以看出，$Mg^{2+}$ 的掺杂并没有改变 $Ba_3Eu_{0.1}Si_6O_{12}N_2$ 的基本结构与相应的 XRD 峰位；插图表示样品 $Ba_{2.9-x}Mg_xEu_{0.1}Si_6O_{12}N_2$（$0\leqslant x\leqslant 0.3$）从 27°~30° 的 XRD 峰位变化，从图中可以看出，随着掺杂的 Mg^{2+} 浓度的增加，其发射峰位向小角度方向移动，这说明了随着 Mg^{2+} 浓度的增加，晶格相应发生了膨胀。Mg^{2+} 和 Ba^{2+} 是同一主族元素，它们具有相似的化学性质，一般来说，Mg^{2+} 应该占据 Ba^{2+} 的格位，但如果 Mg^{2+} 占据 Ba^{2+} 的格位，晶格应该发生收缩，这是因为 Mg^{2+} 的半径小于 Ba^{2+} 的半径；而实验得到的结果是晶格发生了膨胀，大部分 Mg^{2+} 应该进入了晶格间隙位置撑大了晶格，这是晶格发生膨胀的原因。图 3-11（a）和图 3-11（b）是 $Ba_{2.9}Eu_{0.1}Si_6O_{12}N_2$ 与 $Ba_{2.87}Mg_{0.03}Eu_{0.1}Si_6O_{12}N_2$ 的精修图谱，精修图谱说明样品 $Ba_{2.9}Eu_{0.1}Si_6O_{12}N_2$ 和 $Ba_{2.87}Mg_{0.03}Eu_{0.1}Si_6O_{12}N_2$ 都是没有任何杂质峰的单相。样品 $Ba_{2.9}Eu_{0.1}Si_6O_{12}N_2$ 和 $Ba_{2.87}Mg_{0.03}Eu_{0.1}Si_6O_{12}N_2$ 的详细晶胞参数与原子坐标在表 3-1 和表 3-2 中给出。从图 3-11 中可以看出，这种化合物是由共边的 SiO_3N 四面体组成的瓦楞层，Ba^{2+} 位于瓦楞层中。Ba^{2+} 占据两个不同的晶体学格位，一个位于三斜晶系扭曲的八面体中被 6 个氧原子所包围，而另一个 Ba^{2+} 被 6 个氧原子与 1 个氮原子包围。在 $Ba_{2.9-x}Mg_xEu_{0.1}Si_6O_{12}N_2$（$0\leqslant x\leqslant 0.3$）中，$Eu^{2+}$ 占据两个不同 Ba^{2+} 的格位，因为两种不同的离子的半径相似，Ba^{2+} 的半径分别为 0.135nm（6 配位）和 0.138nm（7 配位），而 Eu^{2+} 的半径分别为 0.117nm（6 配位）和 0.120nm（7 配位）。图 3-11（c）是晶胞参数与晶胞体积随着 x 的变化趋势图，从图中可以很明显地看出，随着 x 的增

加，样品的晶胞发生膨胀，这种结果与 XRD 图分析结果一致，说明 Mg^{2+}进入了晶格间隙位置。

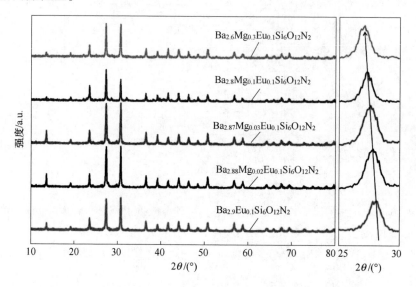

图 3-10 样品 $Ba_{2.9-x}Mg_xEu_{0.1}Si_6O_{12}N_2(0 \leqslant x \leqslant 0.3)$ 的 XRD 图谱

表 3-1 结构精修得到的样品 $Ba_{2.9}Eu_{0.1}Si_6O_{12}N_2$ 和 $Ba_{2.87}Mg_{0.03}Eu_{0.1}Si_6O_{12}N_2$ 的晶胞参数

样 品	$Ba_{2.9}Eu_{0.1}Si_6O_{12}N_2$	$Ba_{2.87}Mg_{0.03}Eu_{0.1}Si_6O_{12}N_2$
晶 系	三方晶系	三方晶系
空间群	$P-3$（No. 147）	$P-3$（No. 147）
$a=b$（nm）	0.747564	0.749571
c/nm	0.644671	0.647545
V/nm^3	311.955×10^{-3}	315.084×10^{-3}
R_{wp}/%	8.6	9.7
R_p/%	6.8	7.4

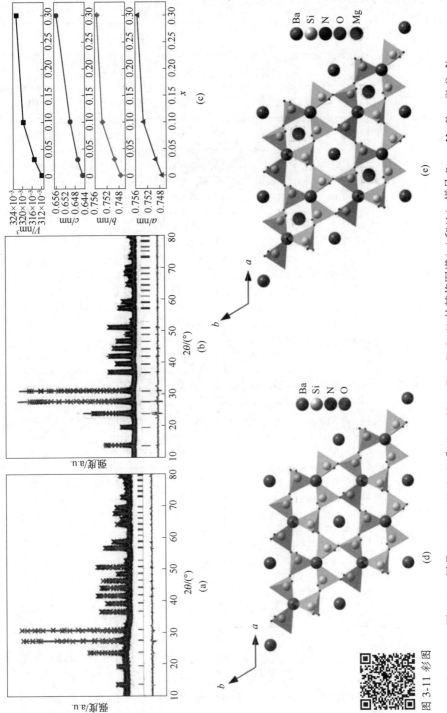

图 3-11 样品 $Ba_{2.9}Eu_{0.1}Si_6O_{12}N_2$ 和 $Ba_{2.87}Mg_{0.03}Eu_{0.1}Si_6O_{12}N_2$ 的精修图谱（a）和（b）、样品 $Ba_{2.9-x}Mg_xEu_{0.1}Si_6O_{12}N_2$ 晶胞参数与体积随着 x 的变化图谱（c）、未掺杂 Mg^{2+} 和掺杂 Mg^{2+} 样品的结构示意图（d）和（e）

图 3-11 彩图

表 3-2 结构精修得到的样品 $Ba_{2.9}Eu_{0.1}Si_6O_{12}N_2$ 和 $Ba_{2.87}Mg_{0.03}Eu_{0.1}Si_6O_{12}N_2$ 的原子坐标

	原子	x/a	y/b	z/c	占位率
$Ba_{2.9}Eu_{0.1}Si_6O_{12}N_2$	Ba1	0.0000	0.0000	0.0000	0.9601
	Ba2	0.3333	0.6667	0.1035	0.9480
	Si1	0.4059	0.2351	0.3890	0.9986
	N1	0.3333	0.6667	0.5627	0.9626
	O1	0.6983	0.0153	0.5931	1.0000
	O2	0.6411	0.7008	0.8279	1.0301
	Eu1	0.0000	0.0000	0.0000	0.0571
	Eu2	0.3333	0.6667	0.1035	0.0439
	原子	x/a	y/b	z/c	占位率
$Ba_{2.87}Mg_{0.03}Eu_{0.1}Si_6O_{12}N_2$	Ba1	0.0000	0.0000	0.0000	1.0000
	Ba2	0.3333	0.6667	0.1033	1.0000
	Si1	0.4059	0.2351	0.3890	0.9986
	N1	0.3333	0.6667	0.5660	1.0000
	O1	0.6968	0.0133	0.5950	1.0000
	O2	0.6418	0.7023	0.8230	1.0000
	Eu1	0.0000	0.0000	0.0000	0.0580
	Eu2	0.3333	0.6667	0.1035	0.0420
	Mg1	0.5000	0.5000	0.5000	0.0300

图 3-12（a）表示样品 $Ba_{2.9-x}Mg_xEu_{0.1}Si_6O_{12}N_2$（$0 \leqslant x \leqslant 0.3$）的激发光谱图，从图中可以看出，所有的激发光谱图的形状与特征都基本相同。激发光谱包含两个激发峰，最高峰分别位于 368nm 和 400nm 处。激发光谱可以归属为 Eu^{2+} 的 $4f^7$—$4f^65d^1$ 能级的跃迁。图 3-12（b）为样品 $Ba_{2.9-x}Mg_xEu_{0.1}Si_6O_{12}N_2$（$0 \leqslant$

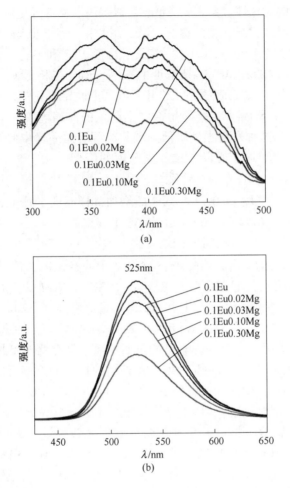

图 3-12 样品 $Ba_{2.9-x}Mg_xEu_{0.1}Si_6O_{12}N_2(0 \leqslant x \leqslant 0.3)$ 的激发与发射光谱图

$x \leqslant 0.3$）的发射光谱图，从图中可以看出，发射光谱是从 450～600nm 的宽带发射，最高发射峰位于 525nm 处，这可以归属为 Eu^{2+} 的 $4f^65d^1$—$4f^7$ 能级的允许跃迁；从图中还可以发现，随着 Mg^{2+} 掺杂浓度的增加，其发射光谱并没有向长波长方向移动。更为重要的是 Mg^{2+} 的掺杂浓度很明显地影响了样品的发光强度。当 Mg^{2+} 的掺杂浓度达到 $x=0.03$ 时，样品的发射强度达到最高。Mg^{2+} 的掺杂浓度达到 $x=0.03$ 时，样品的发射强度是没有掺杂 Mg^{2+} 样品发射强度的 1.3 倍。在 400nm 激发下，Mg^{2+} 的掺杂浓度为 $x=0$ 和 $x=0.03$，样品的量子效率分别为 35.2% 和 38.5%。当 Mg^{2+} 的掺杂浓度超过 $x=0.03$ 时，样品的发射强度逐渐降低。样品发光强度的提高可以归结为以下原因：第一，当在晶格中共掺其他离子，会在共掺离子的附近引进一种挤压力，这样就会使得 Eu^{2+} 附近的晶体场发生变化，Eu^{2+} 格位的对称性也会相应降低，可以提高宇称选择定则并增加电子跃迁的可能性，最终导致发光强度的提高[40-41]。第二，Mg^{2+} 进入晶格中占据了间隙位置，所以 Eu^{2+} 被掺杂进入的 Mg^{2+} 分隔开，由于 Mg^{2+} 和 Eu^{2+} 之间并没有能量传递的发生[42]，所以随着 Mg^{2+} 掺杂浓度的提高，Eu^{2+} 与相邻 Eu^{2+} 之间的距离会变大，这样会降低 Eu^{2+} 之间的相互作用[43]，进而造成了发光强度的提高。但是继续在晶格中掺杂 Mg^{2+} 会引起晶格发生严重的晶格畸变，并且会相应降低样品的发射强度。这种发射强度降低的现象有可能是晶格中原子排列的缺陷性导致非辐射跃迁的增加，所以导致发光强度的降低。从图 3-12 中还可发现样品 $Ba_{2.9-x}Mg_xEu_{0.1}Si_6O_{12}N_2$ 的半峰宽（FWHM）随着 Mg^{2+} 掺杂浓度的提高而降低。随着 Mg^{2+} 掺杂浓度 $x=0$ 到 $x=0.3$ 的增加，样品的半峰宽通过计算分别为 71.5nm、70.9nm、70.4nm、69.5nm 和 68.1nm。

为了解释清楚半峰宽的问题，笔者通过高斯拟合得到 $Ba_{2.9}Eu_{0.1}Si_6O_{12}N_2$ 的两个高斯峰，并给出了 Ba^{2+} 在 $Ba_3Si_6O_{12}N_2$ 中的格位占据情况，如图 3-13 所示。最为典型的例子，笔者选取了 $Ba_{2.9}Eu_{0.1}Si_6O_{12}N_2$ 样品，对其进行高斯拟合，拟合出两个高斯峰分别为 P1 和 P2。P1 最高峰位于 520nm 处，半峰宽为 52.7nm；P2 最高峰位于 553nm 处，半峰宽为 76.4nm。P1 和 P2 分别是两个拟合出的高斯峰的缩写。通过晶体学结构分析，Ba^{2+} 具有两个格位，分别为 6 配位和 7 配位。通过图 3-13 的插图可知，Ba^{2+} 的两个格位分别为 Ba1 和 Ba2，Ba1 位置是一个比较紧绷的位置（6 配位，Ba1-(N/O) = 0.27161nm），Ba1 位置具有比较强的晶体场强度，因为晶体场强度反比于 R^5（R 为化学键长度）[44]，所以导致 Eu^{2+} 占据 Ba1 格位，发射峰在长波长（低能量）方向（553nm P2）。Ba2 位置是一个比较松弛的位置（7 配位，Ba2-(N/O) = 0.28938nm），Ba2 位置具有比较弱的晶体场强度，因为晶体场强度反比于 R^5，所以导致 Eu^{2+} 占据 Ba2 格位，发射峰在短波长（高能量）方向（520nm P1）[45-46]。半峰宽可以用下式表示：

$$FWHM = W_0 \sqrt{\coth\left(\frac{h\omega}{2Kt}\right)} \tag{3-4}$$

$$W_0 = \sqrt{8\ln2}\,(h\omega)\sqrt{S} \tag{3-5}$$

式中，W_0 为样品在 0K 时的半峰宽；$h\omega$ 为与电子跃迁相互作用的晶格振动能量；K 为玻耳兹曼常数；S 为测量电子晶格耦合力的 Huang-Rhys 耦合因子。据知半峰宽与电子跃迁相互作用的晶格振动能量有很大关系，如果晶体结构是紧凑稳定的，这种晶格振动能量会降低，导致样品 $Ba_3Si_6O_{12}N_2:Eu^{2+}$ 的半峰宽变窄。当掺杂的 Mg^{2+} 进入 $Ba_{2.9}Eu_{0.1}Si_6O_{12}N_2$ 晶格中，Mg^{2+} 会进入晶格间隙位置，这样会使晶体结构更加稳定，导致半峰宽变窄。当增加 Mg^{2+} 的掺杂浓度时，Eu^{2+} 会更倾向于占据比较松弛的 Ba2 位置，使得结构变化更小。而且 P1 的半峰宽要比 P2 的半峰宽更窄，所以这个结果也符合预期。

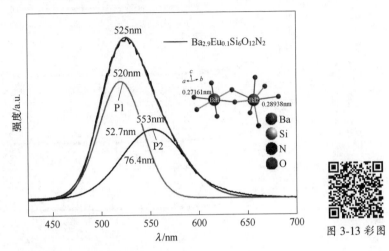

图 3-13 样品 $Ba_{2.9}Eu_{0.1}Si_6O_{12}N_2$ 的高斯拟合图谱

(黑线为实验数据，红线和绿线为拟合数据，绿线和蓝线为两个高斯拟合峰，

插图为 Ba^{2+} 在 $Ba_3Si_6O_{12}N_2$ 中的格位占据)

图 3-14 是在室温下 470nm 和 570nm 波长监控下样品 $Ba_{2.9-x}Eu_{0.1}Mg_xSi_6O_{12}N_2$ 的衰减寿命曲线，样品 $Ba_{2.9-x}Eu_{0.1}Mg_xSi_6O_{12}N_2$ 的衰减曲线的拟合参数在表 3-3 中给出。

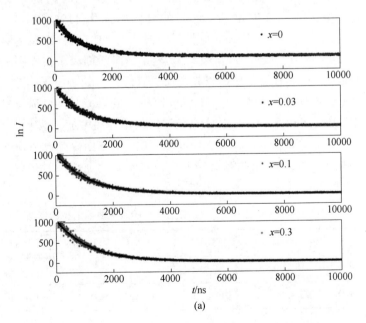

(a)

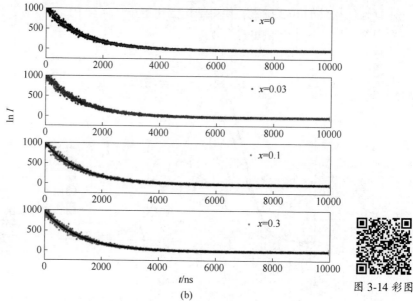

图 3-14 彩图

图 3-14 样品 $Ba_{2.9-x}Eu_{0.1}Mg_xSi_6O_{12}N_2$ 在 470nm 波长(a)监控下和
570nm 波长(b)监控下的衰减曲线

相应的衰减曲线可以被拟合成单指数方程[47]：

$$I(t) = A_1 \exp\left(-\frac{t}{\tau_1}\right) \tag{3-6}$$

式中，I 为样品的发光强度；A_1 为一个常数；τ_1 为衰减时间的指数部分。在 470nm 的监控下，随着 x 的增加，样品的衰减时间为 1193.82ns、1178.06ns、1123.61ns 和 1100.23ns。在 570nm 监控下，随着 x 的增加，样品的衰减时间为 1240.10ns、1244.96ns、1247.69ns 和 1254.55ns。激活剂离子与周围氧（氮）原子的结合强度对通过非辐射弛豫的发光寿命也有影响，如多声子衰减或者激活剂离子到周围离子的能量传递[48]。在 470nm 监控下的衰减时间随着 x 的增加发生了降低，而衰减时间在 570nm 监控下则随着 x 的增加而增加。这个结果证明当掺杂的 Mg^{2+} 进入 $Ba_{2.9}Eu_{0.1}Si_6O_{12}N_2$ 中，Eu^{2+} 更倾向于占据松弛的 Ba2 格位，从而导致 $Ba_{2.9-x}Mg_xEu_{0.1}Si_6O_{12}N_2$ 半峰宽的减小，说明激活剂离子对格位的选择性也会影响非辐射的过程（如发光的衰减性质等）。

表 3-3 样品 $Ba_{2.9-x}Eu_{0.1}Mg_xSi_6O_{12}N_2$ 的衰减曲线的拟合参数

样　品	470nm 波长监控下		样　品	570nm 波长监控下	
	τ_1/ns	A_1		τ_1/ns	A_1
$Ba_{2.9}Eu_{0.1}Si_6O_{12}N_2$	1193.82	948.48	$Ba_{2.9}Eu_{0.1}Si_6O_{12}N_2$	1240.10	939.27

续表 3-3

样　品	470nm 波长监控下		样　品	570nm 波长监控下	
	τ_1/ns	A_1		τ_1/ns	A_1
$Ba_{2.87}Eu_{0.1}Mg_{0.03}Si_6O_{12}N_2$	1178.06	934.41	$Ba_{2.87}Eu_{0.1}Mg_{0.03}Si_6O_{12}N_2$	1244.96	969.75
$Ba_{2.8}Eu_{0.1}Mg_{0.1}Si_6O_{12}N_2$	1123.61	855.81	$Ba_{2.8}Eu_{0.1}Mg_{0.1}Si_6O_{12}N_2$	1247.69	983.06
$Ba_{2.6}Eu_{0.1}Mg_{0.3}Si_6O_{12}N_2$	1100.23	840.95	$Ba_{2.6}Eu_{0.1}Mg_{0.3}Si_6O_{12}N_2$	1254.55	960.79

对于 LED 荧光材料来说，热稳定性也是其重要参数。图 3-15 为 $Ba_{2.9-x}Eu_{0.1}Mg_xSi_6O_{12}N_2$（$x=0$，0.03，0.3）的热猝灭曲线，插图是通过阿伦尼乌斯公式计算出的热力学激活能 ΔE。从图 3-15 中可以看出，随着 x 的增加，样品的热稳定性下降，这种现象可以通过位型坐标图来解释[49-50]。为了更深层次地理解样品的热稳定性，笔者通过阿伦尼乌斯公式计算出了样品相应的热力学激活能 ΔE。根据热猝灭经典理论，与温度有关的发射强度可以通过下式表达[51]：

$$I(T) = I_0[1 + A\exp(-\Delta E/KT)]^{-1} \tag{3-7}$$

式中，I 为给定温度下的发光强度；I_0 为初始发光强度；K 为玻耳兹曼常数；T 为相应的温度；ΔE 为热力学激活能。在同种基质中，热力学激活能可以通过在 300K 下的初始强度近似计算。从图 3-15 的插图中可以看出，实验数据可以得到很好的直线拟合结果，说明热猝灭过程很好地遵循了阿伦尼乌斯模型。通过计算得到的样品 $Ba_{2.9-x}Eu_{0.1}Mg_xSi_6O_{12}N_2$（$x=0$，0.03，0.3）的热力学激活能 ΔE 分

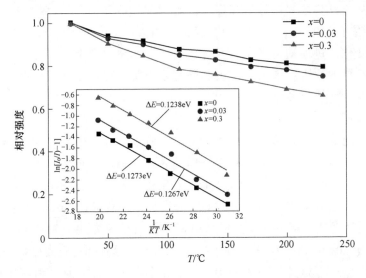

图 3-15 $Ba_{2.9-x}Eu_{0.1}Mg_xSi_6O_{12}N_2$（$x=0$，0.03，0.3）的热猝灭曲线
（插图是通过阿伦尼乌斯公式计算出的热力学激活能 ΔE）

别为 0.1273eV、0.1267eV 和 0.1238eV，这与上面所说的位型坐标图的结果相一致，热力学激活能的降低导致能量势垒降低，所以最终导致了热猝灭性质的下降。虽然热猝灭性质下降，但是当掺杂 $x=0.03$ 的 Mg^{2+} 时，其在 150℃ 的发射强度还是可以达到室温下的 82% 左右，样品的热稳定性也是非常优秀的，这些优秀的发光性能，说明本书相关实验所做的样品有潜力应用在以后的白光LED中。

3.2.3 小结

（1）通过高温固相法在还原气氛中成功制备了 Eu^{2+} 掺杂的 $Ba_3Si_6O_{12}N_2$ 绿色发光材料，并且成功制备了没有正硅酸盐杂质峰的单相样品。

（2）在样品中掺杂了不同浓度的 Mg^{2+}，提高了样品的发光强度，通过 XRD 结构精修、发光光谱分析、荧光寿命测试以及高斯拟合等手段，对样品发光强度的提高给出了合理解释。

（3）对 $Ba_{2.9-x}Eu_{0.1}Mg_xSi_6O_{12}N_2$ 发光材料的热稳定性进行了测试，发现其具有很好的热稳定性，证明其具有作为近紫外用绿色荧光粉的潜力。

3.3 本章小结

（1）通过高温固相法成功制备了 $Ba_{2.9-x}Ca_xEu_{0.1}Si_6O_{12}N_2$（$0.1 \leqslant x \leqslant 0.36$）一系列样品。通过阳离子取代研究了样品的发光与热猝灭性质，样品的激发光谱覆盖了从紫外到蓝光区域，而样品的发射光谱在 400nm 的激发下是黄绿光。在 $Ba_{2.9-x}Ca_xEu_{0.1}Si_6O_{12}N_2$ 样品中，通过不同浓度 Ca^{2+} 的掺杂会使 Eu^{2+} 周围晶体场发生变化，进而使得样品的发射光谱从 525nm 红移到 536nm，并且详细讨论了光谱红移的原因。掺杂 Ca^{2+} 使得热稳定下降的原因也通过位型坐标图给出了详细说明。所有这些结果说明 $Ba_{2.9-x}Ca_xEu_{0.1}Si_6O_{12}N_2$ 有潜力应用在近紫外LED 上。

（2）通过高温固相法成功制备了 $Ba_{2.9-x}Mg_xEu_{0.1}Si_6O_{12}N_2$（$0 \leqslant x \leqslant 0.3$）一系列样品。当掺杂适当浓度的 Mg^{2+}，样品的发射强度会提高，并且半峰宽会降低。发射强度增加的原因是宇称选择定则提高了电子跃迁的可能性，另外还有 Mg^{2+} 进入晶格间隙中使得 Eu^{2+} 之间的距离增加，导致 Eu^{2+} 与 Eu^{2+} 之间的相互作用减小进而使发光强度得到提高。半峰宽的降低是因为掺杂 Mg^{2+} 后，Eu^{2+} 更倾向于占据松弛的 Ba2 格位，所以使得半峰宽变窄。这种绿色荧光材料还具有优秀的热稳定性。所有这些结果表明 $Ba_{2.9-x}Mg_xEu_{0.1}Si_6O_{12}N_2$ 有潜力应用在近紫外LED 上。

参 考 文 献

[1] LI Y Q, VAN STEEN J E J, VAN KREVEL J W H, et al. Luminescence properties of red-emitting $M_2Si_5N_8$: Eu (M = Ca, Sr, Ba) LED conversion phosphors [J]. J Alloys Compd, 2006, 417 (1): 273-279.

[2] XIE R J, HIROSAKI N, SUEHIRO T, et al. A Simple, Efficient synthetic route to $Sr_2Si_5N_8$: Eu^{2+}-based red phosphors for white light-emitting diodes [J]. Cheminform, 2006, 18 (23): 5578-5583.

[3] SONG J M, PARK J S, NAHM S. Luminescence properties of Eu^{2+} activated $Ba_2Si_5N_8$ red phosphors with various Eu^{2+} contents [J]. Ceramics International, 2013, 39 (3): 2845-2850.

[4] UHEDA K, HIROSAKI N, YAMAMOTO Y, et al. Luminescence Properties of a Red Phosphor, $CaAlSiN_3$: Eu^{2+}, for White Light-Emitting Diodes [J]. Electrochemical and Solid-State Letters, 2006, 9 (4): 22.

[5] HIROSAKI N, XIE R J, KIMOTO K, et al. Characterization and properties of green-emitting β-Sialon: Eu^{2+} powder phosphors for white light-emitting diodes [J]. Applied Physics Letters, 2005, 86 (21): 211905.

[6] XIE R J, HIROSAKI N, LI H L, et al. Synthesis and photoluminescence properties of β-Sialon: Eu^{2+} ($Si_{6-z}Al_zO_zN_{8-z}$: Eu^{2+}) a promising green oxynitride phosphor for white light-emitting diodes [J]. Journal of the Electrochemical Society, 2007, 154 (10): 314-319.

[7] KIMOTO K, XIE R J, MATSUI Y, et al. Direct observation of single dopant atom in light-emitting phosphor of β-Sialon: Eu^{2+} [J]. Applied Physics Letters, 2009, 94 (4): 041908.

[8] TAO G, ABOURADDY A F, STOLYAROV A M, et al. Multimaterial Fibers [M]. Berlin: Springer International Publishing, 2015, 56: 1-26.

[9] BACHMANN V, JÜSTEL T, MEIJERINK A, et al. Luminescence properties of $SrSi_2O_2N_2$ doped with divalent rare earth ions [J]. Journal of Luminescence, 2006, 121 (2): 441-449.

[10] CHO I H, ANOOP G, SUH D W, et al. On the stability and reliability of $Sr_{1-x}Ba_xSi_2O_2N_2$: Eu^{2+} phosphors for white LED applications [J]. Optical Materials Express, 2012, 2 (9): 1292-1305.

[11] BACHMANN V, RONDA C, OECKLER O, et al. Color Point Tuning for (Sr, Ca, Ba) $Si_2O_2N_2$: Eu^{2+} for White Light LEDs [J]. Chemistry of Materials, 2012, 21 (2): 316-325.

[12] OECKLER O, KECHELE J A, HANS K, et al. $Sr_5Al_{5+x}Si_{21-x}N_{35-x}O_{2+x}$: Eu^{2+} ($x \approx 0$) —A Novel Green Phosphor for White-Light pcLEDs with Disordered Intergrowth Structure [J]. Chemistry—A European Journal, 2009, 15 (21): 5311-5319.

[13] XIE R J, HIROSAKI N, MITOMO M, et al. Photoluminescence of Cerium-Doped α-Sialon Materials [J]. Journal of the American Ceramic Society, 2004, 87 (7): 1368-1370.

[14] XIE R J, HIROSAKI N, MITOMO M, et al. Photoluminescence of Rare-Earth-Doped Ca-Alpha-Sialon Phosphors: Composition and Concentration Dependence [J]. Journal of the American Ceramic Society, 2005, 88 (10): 2883-2888.

[15] LI Y Q, HIROSAKI N, XIE R J, et al. Yellow-orange-emitting $CaAlSiN_3$: Ce^{3+} phosphor: structure, photoluminescence, and application in white LEDs [J]. Cheminform, 2008, 20 (21): 6704-6714.

[16] ZHAO P, ZHANG B P, LI J F. Influences of Sintering Temperature on Piezoelectric, Dielectric and Ferroelectric Properties of Li/Ta-Codoped Lead-Free (Na, K) NbO_3 Ceramics [J]. Journal of the American Ceramic Society, 2008, 91 (5): 1690-1692.

[17] HISANORI YAMANE T N, TOMOHIRO MIYAZAKI. $La_3Si_6N_{11}$ [J]. Acta Crystallographica, 2014, 70 (6): 23-24.

[18] SUEHIRO T, HIROSAKI N, XIE R J. Synthesis and photoluminescent properties of (La, Ca)$_3Si_6N_{11}$: Ce^{3+} fine powder phosphors for solid-state lighting [J]. Acs Applied Materials & Interfaces, 2011, 3 (3): 811-816.

[19] SINOUH H, BIH L, AZROUR M, et al. Effect of TiO_2 and SrO additions on some physical properties of $33Na_2O-xSrO-xTiO_2-(50-2x)B_2O_3-17P_2O_5$ glasses [J]. Journal of Thermal Analysis & Calorimetry, 2013, 111 (1): 401-408.

[20] ZHANG L, ZHANG J, XIA Z, et al. New yellow-emitting nitride phosphor $SrAlSi_4N_7$: Ce^{3+} and important role of excessive AlN in material synthesis [J]. Acs Applied Materials & Interfaces, 2013, 5 (24): 12839-12846.

[21] LEE J H, KIM Y J. Photoluminescent properties of Sr_2SiO_4 : Eu^{2+} phosphors prepared by solid-state reaction method [J]. Materials Science & Engineering B, 2008, 146 (1): 99-102.

[22] AHMADIAN D, GHOBADI C, NOURINIA J. Ultra-compact two-dimensional plasmonicnano-ring antenna array for sensing applications [J]. Optical & Quantum Electronics, 2013, 46 (9): 1097-1106.

[23] PETERS T E, BAGLIO J A. Luminescence and structural properties of thiogallate phosphors Ce^{3+} and Eu^{2+}—Activated phosphors. Part I [J]. Journal of the Electrochemical Society, 1972, 119 (2): 230-236.

[24] PAN Y, WU M, SU Q. Comparative investigation on synthesis and photoluminescence of YAG: Ce phosphor [J]. Materials Science & Engineering B, 2004, 106 (3): 251-256.

[25] MIKAMI M, UHEDA K, SHIMOOKA S, et al. New green phosphor $Ba_3Si_6O_{12}N_2$: Eu for white LED: crystal structure and optical properties [C]. 2008 APS March Meeting, 2009, 403: 11-14.

[26] CORDULA B, MARKUS S, SASKIA L B, et al. Material properties and structural characterization of $M_3Si_6O_{12}N_2$: Eu^{2+} (M = Ba, Sr)—A comprehensive study on a promising green phosphor for pc-LEDs [J]. Chemistry, 2010, 16 (31): 9646-9657.

[27] ALAM A M, KAMRUZZAMAN M, SANG H L, et al. Sensitive determination of adenosine disodium triphosphate in soil, milk, and pharmaceutical formulation by enoxacin-europium (III) fluorescence complex in solution [J]. Journal of Luminescence, 2012, 132 (3): 789-794.

[28] DELSING A, WITH D G, HINTZEN H. Luminescence properties of Eu^{2+}- activated alkaline-earth silicon-oxynitride $MSi_2O_{2-x}N_{2+2/3x}$ (M = Ca, Sr, Ba) : A promising class of novel LED

conversion phosphors [J]. Chemistry of Materials, 2005, 17 (12): 3242-3248.

[29] SONG Y H, CHOI T Y, SENTHIL K, et al. Photoluminescence properties of green-emitting Eu^{2+}-activated $Ba_3Si_6O_{12}N_2$ oxynitride phosphor for white LED applications [J]. Materials Letters, 2011, 65 (23): 3399-3401.

[30] CAO R P, PENG M Y, SONG E H, et al. High efficiency Mn^{4+} doped $Sr_2MgAl_{22}O_{36}$ red emitting phosphor for white LED [J]. Ecs Journal of Solid Stateence & Technology, 2012, 1 (4): 123-126.

[31] LI W Y, XIE R J, ZHOU T L, et al. Synthesis of the phase pure $Ba_3Si_6O_{12}N_2$: Eu^{2+} green phosphor and its application in high color rendition white LEDs [J]. Dalton Transactions, 2014, 43 (16): 6132-6138.

[32] BLASSE G. Energy Transfer in Oxidic Phosphors [J]. Physics Letters A, 1968, 28 (6): 444-445.

[33] LI Y Q, DONG Y, TAO D, et al. Silicate-based green phosphors in red-green-blue (RGB) backlighting and white illumination systems [P]. 2009-08-18.

[34] DUFF M C, CRUMP S L, RAY R J, et al. Solid phase microextraction sampling of high explosive residues in the presence of radionuclides and radionuclide surrogate metals [J]. Journal of Radioanalytical & Nuclear Chemistry, 2008, 275 (3): 579-593.

[35] LI Y Q, DELSING A C A, WITH G D, et al. Luminescence Properties of Eu^{2+}-Activated Alkaline-Earth Silicon-Oxynitride $MSi_2O_{2-\delta}N_{2+2/3\delta}$ (M: Ca, Sr, Ba): A Promising Class of Novel LED Conversion Phosphors [J]. Cheminform, 2005, 17 (12): 3242-3248.

[36] LIU W R. $(Ba, Sr)Y_2Si_2Al_2O_2N_5$: Eu^{2+}: A novel near-ultraviolet converting green phosphor for white light-emitting diodes [J]. Journal of Materials Chemistry, 2011, 21 (11): 3740-3744.

[37] FENG H, PEI D, JING Z, et al. High Electrocatalytic Activity of Vertically Aligned Single-Walled Carbon Nanotubes towards Sulfide Redox Shuttles [J]. Scientific Reports, 2012, 2 (1): 1-6.

[38] ZENG W, WANG Y, HAN S, et al. Design, synthesis and characterization of a novel yellow long-persistent phosphor: Ca_2BO_3Cl: Eu^{2+}, Dy^{3+} [J]. J. Mater. Chem. C, 2013, 1 (17): 3004-3011.

[39] YAMASHITA N. Luminescence centers of Ca(S : Se) phosphors activated with impurity ions having s^2 configuration. I. Ca(S : Se) : Sb phosphors [J]. Journal of the Physical Society of Japan, 1973, 35 (4): 1089-1097.

[40] WALDRIP K E, LEWIS J S, ZHAI Q, et al. Improved electroluminescence of ZnS : Mn thin films by codoping with potassium chloride [J]. Journal of Applied Physics, 2001, 89 (3): 1664-1670.

[41] ANTIC-FIDANCEV E, HLS J, LASTUSAARI M, et al. Dopant-host relationships in rare-earth oxides and garnets doped with trivalent rare-earth ions [J]. Physical Review B, 2001, 64 (19): 195108.

[42] YUE B, GU J, YIN G, et al. Preparation and properties of the green-emitting phosphors

$NaCa_{0.98-x}Mg_xPO_4 : Eu^{2+}_{0.02}$ [J]. Current Applied Physics, 2010, 10 (4): 1216-1220.

[43] XIE R J, HIROSAKI N, LI Y, et al. Photoluminescence of $(Ba_{1-x}Eu_x)Si_6N_8O$ ($0.005 \leqslant x \leqslant 0.2$) phosphors [J]. Journal of Luminescence, 2010, 130 (2): 266-269.

[44] AULL B F, JENSSEN H P. Impact of ion-host interactions on the 5d-to-4f spectra of lanthanide rare-earth-metal ions. Ⅱ. The Ce-doped elpasolites [J]. Physical Review B Condensed Matter, 1986, 34 (10): 6647-6655.

[45] YEH C W, CHEN W T, LIU R S, et al. Origin of thermal degradation of $Sr_{2-x}Si_5N_8 : Eu_x$ phosphors in air for light-emitting diodes [J]. Journal of the American Chemical Society, 2012, 134 (34): 14108-14117.

[46] SOHN K S, LEE B, XIE R J, et al. Rate-equation model for energy transfer between activators at different crystallographic sites in $Sr_2Si_5N_8 : Eu^{2+}$ [J]. Optics Letters, 2009, 34 (21): 3427-3429.

[47] PANG R, LI C, SHI L, et al. A novel blue-emitting long-lasting proyphosphate phosphor $Sr_2P_2O_7 : Eu^{2+}$, Y^{3+} [J]. Journal of Physics & Chemistry of Solids, 2009, 70 (2): 303-306.

[48] LAYNE C B, WEBER M J. Multiphonon relaxation of rare-earth ions in beryllium-fluoride glass [J]. Physical Review B, 1977, 16 (7): 3259-3261.

[49] HENDERSON B, IMBUSCH G F. Optical spectroscopy of inorganic solids [M]. Oxford: Oxford University Press, 1989.

[50] DORENBOS P. Thermal quenching of Eu^{2+} 5d—4f luminescence in inorganic compounds [J]. Journal of Physics Condensed Matter, 2005, 17 (50): 8103-8111.

[51] BHUSHAN S, CHUKICHEV M V. Temperature Dependent Studies of Cathodoluminescence of Green Band of ZnO Crystals [J]. Journal of Materials Science Letters, 1988, 7 (4): 319-321.

4 氮化物橙红色发光材料 $M_2Si_5N_8 : Eu^{2+}$ (M = Ca，Sr) 发光性能的研究

4.1 橙红色发光材料 $Ca_2Si_5N_8 : Eu^{2+}$ 加入 BaF_2 发光性能的研究

最近，稀土激活氮化物/氮氧化物发光材料引起了人们的广泛关注，这是因为其具有优异的发光性能并可以很好地应用于白光 LED 中。众所周知，稀土离子（如 Eu^{2+} 和 Ce^{3+}）具有比较特殊的性质，稀土离子 5d—4f 能级跃迁非常依赖于其周围环境（如对称性、共价性、配位数、键长、格位和晶体场强度等），这是因为 5d 激发态能级没有被 $5s^2$ 和 $5p^6$ 轨道上的电子的晶体场保护[1-3]。近年来，一种新型的氮化物 LED 荧光粉 $M_2Si_5N_8 : Eu^{2+}$ 受到关注，由于 N^{3-} 具有更强的共价性与电子云膨胀效应，所以会导致 5d 能级劈裂程度更大，进而使得发射光谱向长波长方向移动[4-5]。而且氮化物相较于氧化物来说具有更好的物理化学稳定性与不易潮解的性质，使得 LED 灯的使用寿命更长[6]。

$Ca_2Si_5N_8$ 属于单斜晶系，空间群为 $Cc1$；而 $Sr_2Si_5N_8$ 和 $Ba_2Si_5N_8$ 属于正交晶系，空间群为 $Pmn2$。这三个碱土金属硅氮化物在结构中配位情况相似：晶体结构是基于共角的 [SiN_4] 四面体网络，该网络中一半氮原子与 2 个硅原子配位，另一半氮原子与 3 个硅原子配位，形成一种类层状结构，碱土金属离子与氮填充于空隙中。$M_2Si_5N_8 : Eu^{2+}$（M = Sr，Ba）系列荧光粉的激发范围非常宽，在 250 ~ 550nm 都有很强的吸收，其发射范围为 550 ~ 800nm，取决于 M 元素的种类和 Eu^{2+} 的掺杂浓度。$Sr_2Si_5N_8 : Eu^{2+}$ 的发射主峰随着 Eu^{2+} 浓度的变化可以从 600nm 红移至 680nm；而在 $Ba_2Si_5N_8 : Eu^{2+}$ 中，发射峰随着 Eu^{2+} 浓度的改变，从 560nm 移动到 680nm。可以看出 $M_2Si_5N_8 : Eu^{2+}$ 体系同时能被 400nm 的近紫外 LED 和 460nm 的蓝光 LED 芯片有效激发，且发射光谱可以覆盖 600 ~ 680nm 的红光波段。$M_2Si_5N_8 : Eu^{2+}$（M = Ca^{2+}，Sr^{2+}，Ba^{2+}）荧光粉的发光性能与碱土金属 M^{2+} 种类的关系如下：当 Eu^{2+} 的掺杂量保持一致时，它的激发和发射光谱的峰值按 Ca^{2+}、Sr^{2+}、Ba^{2+} 的顺序逐渐红移，发射峰值分别位于 623nm、640nm 和 650nm。另外，在蓝光激发下，$M_2Si_5N_8 : Eu^{2+}$ 的量子效率可高达 75% ~ 80%，且当温度升高至

150℃时，发光的猝灭只有百分之几。相对于现在主要适用的 Eu^{2+} 掺杂硫化物红色荧光粉来说，$M_2Si_5N_8:Eu^{2+}$ 的优势显而易见[7-14]。

本章针对目前紫外芯片用 $M_2Si_5N_8:Eu^{2+}$ 红色荧光粉光谱中红色成分少和发光强度较低等问题，对 Eu^{2+} 掺杂 $M_2Si_5N_8$ 结构做了详细的研究，以期改进该材料的发光性能，内容主要分为 3 个方面：

(1) 研究了 BaF_2 掺杂 $Ca_2Si_5N_8:Eu^{2+}$ 发光材料的发光性能。

(2) 研究了 $Sr_2Si_5N_8:Eu^{2+}$ 发光材料的制备及其发光性能，并研究了 La^{3+}-Al^{3+} 离子对取代对其相成分和发光性能的影响。

(3) 研究了 Mg^{2+} 掺杂 $Sr_2Si_5N_8:Eu^{2+}$ 发光材料的发光性能。

4.1.1　$Ca_2Si_5N_8:Eu^{2+}$ 的制备

按照化学计量比称取 BaF_2（分析纯）、Ca_3N_2（Aldrich，>95.0%）、Si_3N_4（Aldrich，99.5%）和 Eu_2O_3（Aldrich，99.99%），按照化学计量比准确称取原料后将原料置于玛瑙研钵中，在手套箱 N_2 气氛保护下，充分研磨至混合均匀，置于氮化硼坩埚中，在 N_2（99.9995%）气氛（0.2MPa）保护下于 1500℃ 煅烧 4h，而后降至室温得到样品，升降温速率均为 5℃/min。

4.1.2　结果与讨论

图 4-1 是 $Ca_2Si_5N_8$ 掺杂不同浓度 Eu^{2+} 的 XRD 图谱，$(Ca_{1-x}Eu_x)_2Si_5N_8$（$0 \leqslant x \leqslant 0.25$）的 XRD 图谱说明了随着不同浓度 Eu^{2+} 的掺杂，样品物相的变化。当 Eu^{2+} 的掺杂浓度为 $0 \leqslant x \leqslant 0.15$ 时，样品基本上为很好的单相，当继续掺杂 Eu^{2+} 时，样品中就会出现 α-Si_3N_4 和 $EuSiO_3$ 的杂质相。以上说明 Eu^{2+} 在 $Ca_2Si_5N_8$ 基质中的掺杂浓度有一定的限制，一般来说，其掺杂浓度一般在 $0 \leqslant x \leqslant 0.15$，此结果也与 Li 等[15]报道的结果一致。这种掺杂浓度的限制主要是以下两个原因造成的：第一，$Ca_2Si_5N_8$ 是单斜晶系，而 $Eu_2Si_5N_8$ 是正交晶系，由于两者晶体结构的不同造成其掺杂浓度的限制。第二，两者离子半径不同，Eu^{2+}（0.117nm）的半径要大于 Ca^{2+}（0.100nm）[16]。

图 4-2（a）表示在 617nm 监控下的 $Ca_{1.85}Eu_{0.15}Si_5N_8$ 的激发光谱图，从图中可以看出，$Ca_{1.85}Eu_{0.15}Si_5N_8$ 的激发光谱是从 300~500nm 的宽带激发，最高激发峰在 400nm 左右，激发光谱可以归属为 Eu^{2+} 的 $4f^7$—$4f^65d^1$ 能级的跃迁[17]。图 4-2（b）表示在 400nm 激发下，$Ca_{2-x}Eu_xSi_5N_8$（$0.05 \leqslant x \leqslant 0.20$）的发射光谱图，样品的发射光谱是从 550~700nm 的宽带发射，最高发射峰位于 610nm 左右，发射光谱可以归属为 Eu^{2+} 的 $4f^65d^1$—$4f^7$ 能级的允许跃迁。从图 4-2（b）中还可

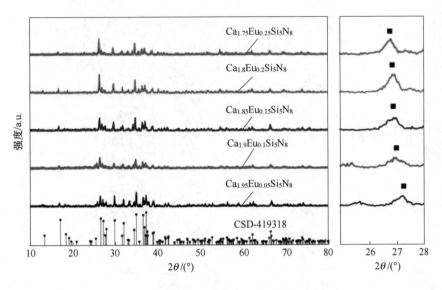

图 4-1 $Ca_2Si_5N_8$ 掺杂不同浓度 Eu^{2+} 的 XRD 图谱

以看出，随着 Eu^{2+} 掺杂浓度的增加，样品的发光强度增加，当掺杂的 Eu^{2+} 浓度为 $x=0.15$ 时，样品的发光强度达到最高。但是当继续掺杂 Eu^{2+} 时，样品的发光强度就会下降，这可以通过浓度猝灭现象对其进行合理解释[18]。当掺杂过量的 Eu^{2+} 进入晶格中，Eu^{2+} 之间的距离会变短，这样就会增加 Eu^{2+} 之间能量传递的可能性[19]，进而导致浓度猝灭现象的发生。而且笔者发现随着掺杂 Eu^{2+} 浓度的提高，发射光谱向长波长方向移动，也就是说明发生了红移现象，这是因为不同半径的 Eu^{2+} 取代 Ca^{2+} 使得晶体场强度增强，进而导致光谱发生红移[20]。

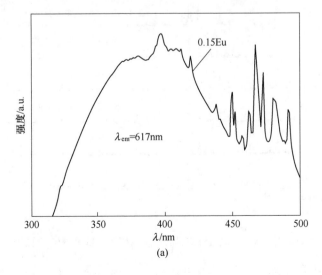

(a)

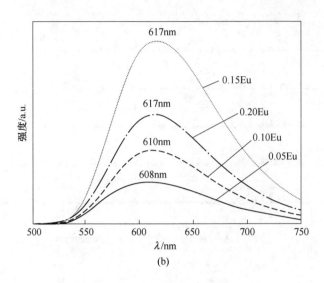

(b)

图 4-2 $Ca_2Si_5N_8$ 掺杂不同浓度 Eu^{2+} 的激发(a)与发射(b)光谱图

图 4-3 是 $Ca_{1.95}Eu_{0.05}Si_5N_8$ 加入不同浓度 BaF_2 的 XRD 图谱，当加入不同浓度的 BaF_2 时，样品还是很好的单相样品。当加入 BaF_2 时，样品的晶胞体积逐渐变大，而 XRD 衍射峰的角度向小角度方向移动，说明 Ba^{2+} 占据了 Ca^{2+} 的格位进入晶格中。从图 4-3 中还可以看出，加入更高浓度的 BaF_2，样品的结晶性更好。当加入质量分数为 8% 的 BaF_2 时，样品的结晶性达到最高。图 4-4 是 $Ca_{1.95}Eu_{0.05}Si_5N_8$

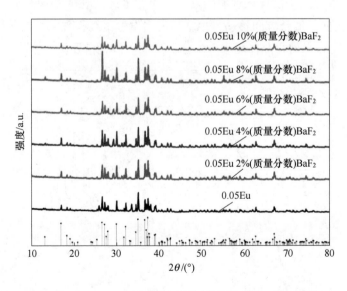

图 4-3 $Ca_{1.95}Eu_{0.05}Si_5N_8$ 加入不同浓度 BaF_2 的 XRD 图谱

加入质量分数为 8% 的 BaF₂的结构精修图谱，样品的可信赖因子 $R_p = 10.33\%$、
$R_{wp} = 14.22\%$，说明样品是很好的单相样品。通过精修得到的样品为单斜晶系，
空间群为 Cc，晶胞参数在表 4-1 中给出。图 4-5 给出了精修后加入不同浓度 BaF₂
的晶胞体积变化图，可以看出随着 BaF₂的加入，晶胞体积逐渐增加，也印证了
Ba²⁺占据 Ca²⁺的格位。

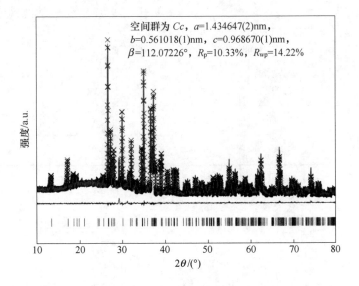

空间群为 Cc，$a=1.434647(2)$nm，
$b=0.561018(1)$nm，$c=0.968670(1)$nm，
$\beta=112.07226°$，$R_p=10.33\%$，$R_{wp}=14.22\%$

图 4-4 彩图

图 4-4　Ca₁.₉₅Eu₀.₀₅Si₅N₈加入质量分数为 8%的 BaF₂的结构精修图谱

表 4-1　Ca₁.₉₅Eu₀.₀₅Si₅N₈加入质量分数为 8%的 BaF₂的晶胞参数

原子	x/a	y/b	z/c	占位率
Ca1	−0.00658	0.75426	0.05207	0.95
Ba	−0.00658	0.75426	0.05207	0.05
Ca2	0.61050	0.73056	0.26069	1
Si1	0.05412	0.79009	0.41769	1
Si2	0.75221	0.19935	0.34537	1
Si3	0.76388	0.51462	0.11491	1
Si4	0.35762	0.21081	0.42527	1
Si5	0.85405	0.02307	0.17204	1

原子	x/a	y/b	z/c	占位率
N1	0.94559	0.55880	0.44382	1
N2	0.12258	0.12972	1.08940	1
N3	0.81030	0.25662	0.23980	1
N4	0.79107	0.85548	0.15102	1
N5	0.98494	0.98304	0.27838	1
N6	0.86102	0.17452	1.06034	1
N7	0.62438	0.04133	0.36236	1
N8	0.79600	0.49423	0.41610	1

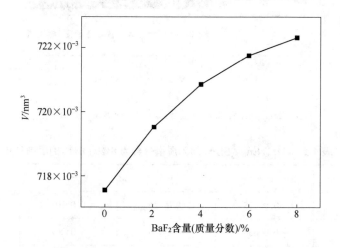

图 4-5 $Ca_{1.95}Eu_{0.05}Si_5N_8$ 加入不同浓度 BaF_2 的晶胞体积图

图 4-6（a）和图 4-6（b）表示 $Ca_{1.95}Eu_{0.05}Si_5N_8$ 与 $Ca_{1.95}Eu_{0.05}Si_5N_8$ 加入质量分数为 8% 的 BaF_2 的 SEM 图谱，从图中可以看出，加入 BaF_2 对样品结晶性的提高有帮助；还可以看出两个样品都具有很好的分散性，颗粒尺寸在 6~12μm。图 4-6（c）和图 4-6（d）分别表示 $Ca_{1.95}Eu_{0.05}Si_5N_8$ 与 $Ca_{1.95}Eu_{0.05}Si_5N_8$ 加入质量分数为 8% 的 BaF_2 的 EDX 图谱，从图中可以分析出 Ba^{2+} 进入了 $Ca_{1.95}Eu_{0.05}Si_5N_8$ 晶格中。图 4-7 表示 $Ca_{1.95}Eu_{0.05}Si_5N_8$ 和 $Ca_{1.95}Eu_{0.05}Si_5N_8$ 加入质量分数为 8% 的

BaF_2 的元素分布图谱，据图可知加入质量分数为 8% 的 BaF_2 的样品中，Ba^{2+} 进入了 $Ca_{1.95}Eu_{0.05}Si_5N_8$ 晶格中，并且分布较为均匀。

图 4-6 $Ca_{1.95}Eu_{0.05}Si_5N_8$ 与加入质量分数为 8% 的 BaF_2 的 $Ca_{1.95}Eu_{0.05}Si_5N_8$ 的
SEM 图谱(a)和(b)及 EDX 图谱(c)和(d)

图 4-8（a）和图 4-8（b）表示样品 $Ca_{1.95}Eu_{0.05}Si_5N_8$ 加入不同浓度 BaF_2 的激发与发射光谱图，从图中可以看出样品的光谱特征基本一致。激发光谱是从 550～750nm 的宽带激发，激发光谱中最高峰分别位于 295nm、397nm 和 467nm 处，激发光谱可以归属为 Eu^{2+} 的 4f—5d 跃迁。从发射光谱中可以看出，随着样品中加入 BaF_2，样品的发光强度显著提高。当加入质量分数为 8% 的 BaF_2 时，样品的发光强度达到最大值。而且随着样品中 BaF_2 的加入，发射光谱发生了红移现象，从 608nm 红移到 622nm 处，这对 LED 的发光可调有益。发光强度的提高首先可

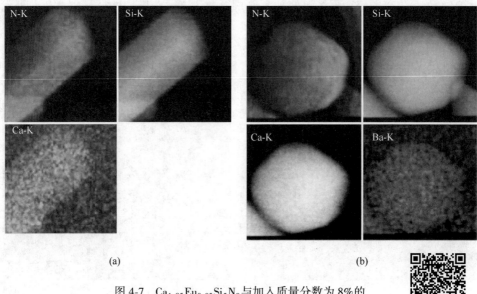

图 4-7　$Ca_{1.95}Eu_{0.05}Si_5N_8$ 与加入质量分数为 8% 的
BaF_2 的 $Ca_{1.95}Eu_{0.05}Si_5N_8$ 的元素分布图谱

图 4-7 彩图

以归结为 BaF_2 作为助熔剂的加入，对样品的结晶性有影响，导致样品结晶性提高，进而使得发光强度提高；其他原因在下面继续进行讨论。而红移现象主要是因为小半径的 Ca^{2+} 被大半径的 Ba^{2+} 所取代，导致 Eu^{2+} 与阴离子之间的距离变短，进而使得晶体场强度增加，所以光谱发生了红移[21]。$Ca_{1.95}Eu_{0.05}Si_5N_8$ 加入不同浓度 BaF_2 的激发波长、发射波长、重心和斯托克斯位移见表 4-2。

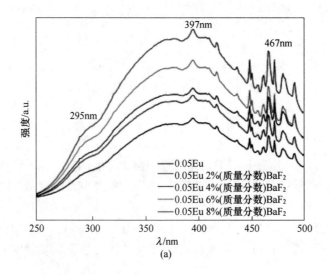

(a)

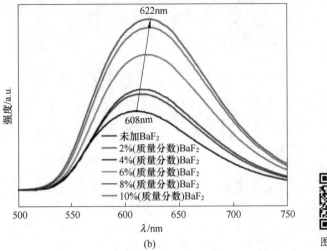

图 4-8 彩图

(b)

图 4-8 Ca$_{1.95}$Eu$_{0.05}$Si$_5$N$_8$加入不同浓度 BaF$_2$的激发(a)与发射(b)光谱图

表 4-2 **Ca$_{1.95}$Eu$_{0.05}$Si$_5$N$_8$加入不同浓度 BaF$_2$的激发波长、发射波长、重心和斯托克斯位移**

样　品	激发波长/nm	发射波长/nm	重心/cm^{-1}	斯托克斯位移/cm^{-1}
未加 BaF$_2$	295，397，467	608	26830	4966
2%(质量分数)BaF$_2$	295，397，467	613	26830	5100
4%(质量分数)BaF$_2$	295，397，467	615	26830	5153
6%(质量分数)BaF$_2$	295，397，467	618	26830	5232
8%(质量分数)BaF$_2$	295，397，467	622	26830	5336

　　众所周知，当样品中 Ca^{2+}被 Eu^{2+}与 Ba^{2+}取代时，样品的晶胞参数会发生变化，这取决于离子电负性和离子半径的不同。电荷不平衡和晶格应变导致的空位的形成会阻止取代离子进入主晶格内[22]，这样取代离子就会倾向于移动到应变较小的表面位置，而不会进入晶格内部，这些可以通过 XPS 数据进行分析确定。从图 4-9 中可以看出，135.6eV 峰位可以归属为 Eu$_2$O$_3$的 Eu$_{4d}$，说明更多的 Eu^{2+}进入晶格内部导致发光强度的增强和红移现象的发生；另外，在 Ca$_{1.95}$Eu$_{0.05}$Si$_5$N$_8$加入质量分数为 8%的 BaF$_2$样品中的 N 与 O 原子分数之比要高于 Ca$_{1.95}$Eu$_{0.05}$Si$_5$N$_8$

样品中的 N 与 O 原子分数之比，这会导致晶体场的劈裂更大，从而使光谱发生红移[23]。$Ca_{1.95}Eu_{0.05}Si_5N_8$ 和加入质量分数为 8% 的 BaF_2 的 $Ca_{1.95}Eu_{0.05}Si_5N_8$ 的 XPS 定量分析结果见表 4-3。

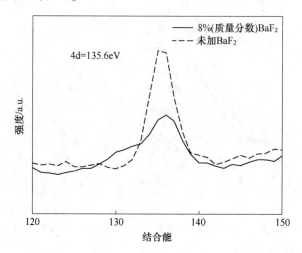

图 4-9 $Ca_{1.95}Eu_{0.05}Si_5N_8$ 和加入质量分数为 8% 的 BaF_2 的 $Ca_{1.95}Eu_{0.05}Si_5N_8$ 的 XPS 图谱

表 4-3 $Ca_{1.95}Eu_{0.05}Si_5N_8$ 和加入质量分数为 8% 的 BaF_2 的 $Ca_{1.95}Eu_{0.05}Si_5N_8$ 的 XPS 定量分析结果

元　素	峰位/eV	原子分数/%	质量分数/%
N	402	15.44	10.23
O	536	21.34	16.16
N	402	18.81	12.68
O	536	20.56	15.84

图 4-10（a）表示从 [010] 方向观察样品 $Ca_2Si_5N_8$ 的晶体结构图，图 4-10（b）为 Eu^{2+} 与 Ba^{2+} 取代 Ca^{2+} 的模型图。这种取代模型可以用来理解晶格的变化情况。通过 Vegard 定律来对晶胞的变化情况进行分析，Vegard 定律主要说明当掺杂小半径的离子进入晶格中，会使晶格收缩，而掺杂大半径离子进入晶格中，会使晶格膨胀。当仅掺杂 Eu^{2+} 进入晶格时，晶胞体积会膨胀，这是由于 Eu^{2+} 的半径大于 Ca^{2+} 的半径，Eu^{2+} 会出现压应力，这样会影响 Eu^{2+} 进入晶格的稳定性。当掺杂更大半径的 Ba^{2+} 进入晶格中，会使得晶格更加膨胀，这样中等半径的 Eu^{2+} 会更多更稳定地进入晶格中，导致光谱发生有益变化。

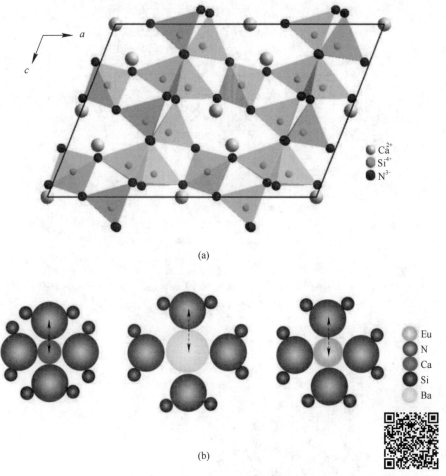

(a)

(b)

图 4-10   从［010］方向观察样品 $Ca_2Si_5N_8$ 的晶体结构图（a）和
Eu^{2+} 与 Ba^{2+} 取代 Ca^{2+} 的模型图（b）

图 4-10 彩图

图 4-11 是 $Ca_{1.95}Eu_{0.05}Si_5N_8$ 和加入质量分数为 8% 的 BaF_2 的 $Ca_{1.95}Eu_{0.05}Si_5N_8$ 的热猝灭曲线，从图中可以看出，两种样品的热稳定性基本一致，当温度从 20℃升高到 250℃时，样品的发射光谱峰值出现微小的蓝移，同时伴随着发射强度的降低。当温度升高到 150℃时，两种样品的发光强度基本是室温下的 50%，说明有继续改进的可能。

图 4-12 给出了样品 $Ca_{1.95}Eu_{0.05}Si_5N_8$ 加入不同浓度 BaF_2 的色坐标图，从图中可以看出，随着样品中加入的 BaF_2 浓度的提高，样品的发光颜色从橙黄光向橙红光方向移动，色坐标也从（0.556，0.437）变化到（0.591，0.407）。由此可知，当加入不同浓度 BaF_2 掺杂的 $Ca_{1.95}Eu_{0.05}Si_5N_8$ 荧光材料制备白光 LED 时，会增加其显色指数并且降低色温，得到需要的结果。

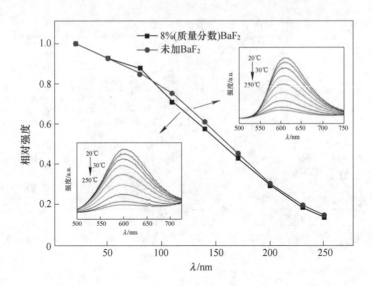

图 4-11 $Ca_{1.95}Eu_{0.05}Si_5N_8$和加入质量分数为 8% 的 BaF_2的 $Ca_{1.95}Eu_{0.05}Si_5N_8$的热猝灭曲线

(插图为发射光谱随着温度变化图)

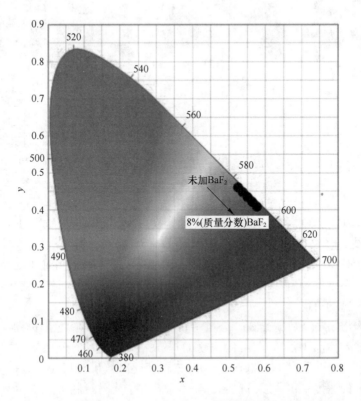

图 4-12 彩图

图 4-12 样品 $Ca_{1.95}Eu_{0.05}Si_5N_8$加入不同浓度 BaF_2的色坐标图

4.1.3 小结

（1）通过高温高压法在 N_2 气氛中成功制备了 $Ca_{1.95}Eu_{0.05}Si_5N_8$ 橙色发光材料，并且在样品中加入了不同浓度的 BaF_2。

（2）通过不同浓度的 BaF_2 的加入，使得样品的发射光谱峰值向长波长方向移动，并且样品的发光强度得到了提高。

4.2 红色发光材料 $Sr_2Si_5N_8:Eu^{2+}$ 掺杂 La^{3+}-Al^{3+}发光性能的研究

4.2.1 样品的制备

按照化学计量比称取 Sr_3N_2（Aldrich，>95.0%）、AlN（Aldrich，>98.0%）、Si_3N_4（Aldrich，99.5%）、LaN（99.9%）和 $EuCl_3$（Aldrich，99.999%），按照化学计量比准确称取原料后将原料置于玛瑙研钵中，在手套箱 N_2 气氛保护下，充分研磨至混合均匀，置于氮化硼坩埚中，在 N_2（99.9995%）气氛（0.2MPa）保护下于 1600℃煅烧 2h，而后降至室温得到样品，升降温速率均为 5℃/min。

4.2.2 结果与讨论

图 4-13 为样品 $Sr_{1.95}Eu_{0.05}Si_5N_8$ 的结构精修图谱，据此可知 $Sr_{1.95}Eu_{0.05}Si_5N_8$ 是正交晶系，空间群为 $Pmn2_1$。样品的可信赖因子 $R_p=9.62\%$、$R_{wp}=12.12\%$，说明样品是很好的单相样品。图 4-14 为样品 $Sr_{1.95-x}La_xEu_{0.05}Si_{5-x}Al_xN_8$（$0\leqslant x\leqslant 0.2$）的 XRD 图谱，与其他文献中报道的单相样品的峰位相一致，说明本书中相关实验得到了很好的单相样品。详细的晶体学数据在表 4-4 中给出。从图 4-13 的插图中可以看出，晶胞中具有两个 Sr^{2+} 的格位，分别为 Sr1 和 Sr2 位置，两个位置都可以被 Eu^{2+} 所占据。Sr1 和 Sr2 位置的配位数分别为 10 和 8，Sr1—N 的平均距离为 0.293nm，而 Sr2—N 的平均距离为 0.287nm，Sr1—N 的平均距离要明显大于 Sr2—N 的平均距离，这样当 Eu^{2+} 占据 Sr2 格位时其具有更强的晶体场强度，因为晶体场强度反比于化学键长[24]。$Sr_{1.95-x}La_xEu_{0.05}Si_{5-x}Al_xN_8$ 中 [$^{[8]}r(Sr^{2+})$ + $^{[4]}r(Si^{4+})=0.126+0.026=0.152nm$] 的离子半径和小于 [$^{[8]}r(La^{3+})+^{[4]}r(Al^{3+})=0.116+0.039=0.155nm$] 的离子半径和，因此当使用 La^{3+} 和 Al^{3+} 取代 Sr^{2+} 和 Si^{4+} 时，随着 x 增加，晶胞体积增加，这个结果与图 4-15 所示的结果相一致。根据 Vegard's law 晶格常数与晶胞体积随着掺杂离子（La^{3+} 和 Al^{3+}）半径的增加而增加，说明 La^{3+} 和 Al^{3+} 掺入了 $Sr_{1.95}Eu_{0.05}Si_5N_8$ 晶格中。$Sr_{1.95-x}La_xEu_{0.05}Si_{5-x}Al_xN_8$ 的原子坐标见表 4-5。

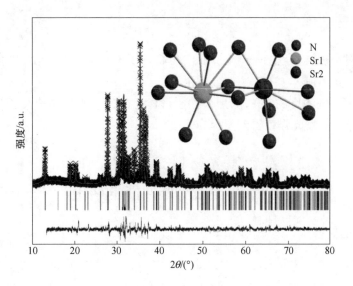

图 4-13 彩图

图 4-13　$Sr_{1.95}Eu_{0.05}Si_5N_8$ 的结构精修图谱

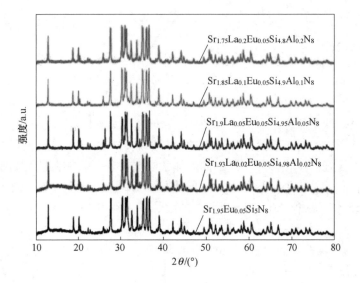

图 4-14　样品 $Sr_{1.95-x}La_xEu_{0.05}Si_{5-x}Al_xN_8(0 \leqslant x \leqslant 0.2)$ 的 XRD 图谱

表 4-4　$Sr_{1.95-x}La_xEu_{0.05}Si_{5-x}Al_xN_8$ 的晶体学数据

样品	$x=0$	$x=0.02$	$x=0.05$	$x=0.1$	$x=0.2$
晶系	正交晶系				

样品	$x=0$	$x=0.02$	$x=0.05$	$x=0.1$	$x=0.2$
空间群	$Pmn2_1$				
a/nm	0.5705	0.5706	0.5711	0.5712	0.5717
b/nm	0.6800	0.6800	0.6800	0.6801	0.6802
c/nm	0.9317	0.9331	0.9338	0.9347	0.9352
V/nm^3	361.9×10^{-3}	362.12×10^{-3}	362.71×10^{-3}	363.08×10^{-3}	363.87×10^{-3}

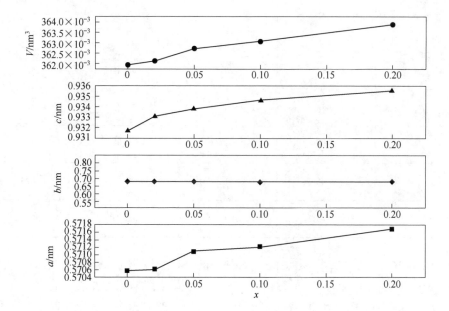

图 4-15 样品 $Sr_{1.95-x}La_xEu_{0.05}Si_{5-x}Al_xN_8$（$0 \leqslant x \leqslant 0.2$）的晶胞参数与体积随着 x 变化图

表 4-5 $Sr_{1.95-x}La_xEu_{0.05}Si_{5-x}Al_xN_8$的原子坐标

原子	x/a	y/b	z/c	占位率
Sr1	0.00000	0.8751（7）	0.0038（9）	0.975
Sr2	0.00000	0.8795（6）	0.3686（0）	0.975
Si1	0.2484（3）	0.6616（6）	0.6859（2）	1.00

原子	x/a	y/b	z/c	占位率
Si2	0.00000	0.0635 (0)	0.6620 (1)	1.00
Si3	0.00000	0.4064 (9)	0.4521 (5)	1.00
Si4	0.00000	0.4168 (4)	0.8974 (9)	1.00
N1	0.00000	0.1799 (1)	0.5134 (3)	1.00
N2	0.2335 (2)	0.9144 (1)	0.6863 (4)	1.00
N3	0.2640 (5)	0.4381 (3)	0.0375 (9)	1.00
N4	0.00000	0.5775 (2)	0.8079 (4)	1.00
N5	0.00000	0.1594 (2)	0.8519 (8)	1.00
N6	0.00000	0.40042	0.26898	1.00
Eu1	0.00000	0.8751 (7)	0.0038 (9)	0.025
Eu2	0.00000	0.8795 (6)	0.3686 (0)	0.025

图 4-16（a）表示 $Sr_{1.95}Eu_{0.05}Si_5N_8$ 的 SEM 图谱，图 4-16（b）表示 $Sr_{1.85}La_{0.1}Eu_{0.05}Si_{4.9}Al_{0.1}N_8$ 的 SEM 图谱，两种样品都是棒状结构，直径在 0.8~1.0μm。当掺杂的 La^{3+} 和 Al^{3+} 进入晶格中时，并没有明显改变样品的形貌与尺寸。此种棒状形貌也经常见于高温高压法制备的 Ca-α-Sialon 中[25-26]，这是在晶体生长过程中择优取向的原因[27]，其也有助于提高样品的发光强度。图 4-16（c）为样品 $Sr_{1.95}Eu_{0.05}Si_5N_8$ 的 EDX 图谱，图 4-16（d）为 $Sr_{1.85}La_{0.1}Eu_{0.05}Si_{4.9}Al_{0.1}N_8$ 的 EDX 图谱，两种样品都包含 Sr、Si、N 和 Eu 元素，而且样品 $Sr_{1.85}La_{0.1}Eu_{0.05}Si_{4.9}Al_{0.1}N_8$ 中还包含 La 和 Al 元素，从侧面证明了 La^{3+} 和 Al^{3+} 掺入了 $Sr_{1.95}Eu_{0.05}Si_5N_8$ 晶格中；两种样品中都没有发现 O 元素。

图 4-17 是样品 $Sr_{1.95-x}La_xEu_{0.05}Si_{5-x}Al_xN_8$（$0 \leqslant x \leqslant 0.2$）的漫反射光谱图，所有的样品在 400~500nm 都具有很强的吸收峰，归属为 Eu^{2+} 的 $4f^7$—$4f^65d$ 跃迁。随着掺杂 La^{3+} 和 Al^{3+} 浓度的提高，吸收峰强度增强。

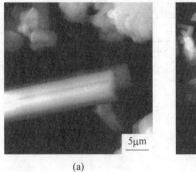

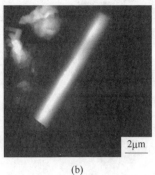

(a)   (b)

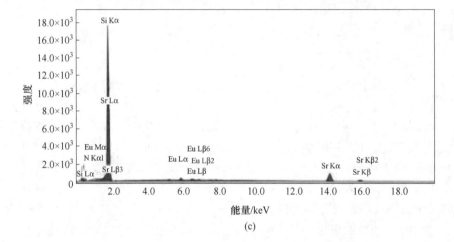

(c)

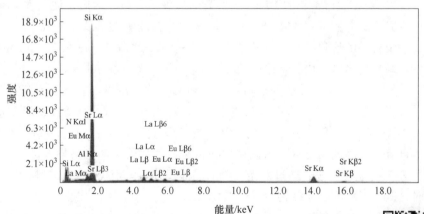

(d)

图 4-16 $Sr_{1.95}Eu_{0.05}Si_5N_8$ 和 $Sr_{1.85}La_{0.1}Eu_{0.05}Si_{4.9}Al_{0.1}N_8$ 的
SEM 图谱(a)和(b)、$Sr_{1.95}Eu_{0.05}Si_5N_8$ 和
$Sr_{1.85}La_{0.1}Eu_{0.05}Si_{4.9}Al_{0.1}N_8$ 的 EDX 图谱(c)和(d)

图 4-16 彩图

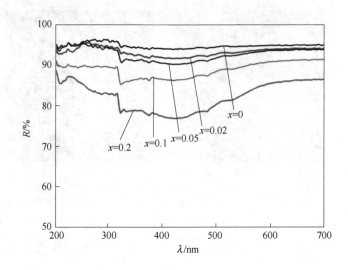

图4-17 $Sr_{1.95-x}La_xEu_{0.05}Si_{5-x}Al_xN_8$（0≤x≤0.2）的漫反射光谱图

图 4-18（a）为样品 $Sr_{1.95-x}La_xEu_{0.05}Si_{5-x}Al_xN_8$（0≤x≤0.2）的激发与发射光谱图，激发光谱包含两个宽带激发，最高峰位分别位于 370nm 和 425nm 处，归属为 Eu^{2+} 的 4f—4f^{6}5d 跃迁；而发射峰为 500~700nm 的宽带发射峰，最高峰位于 630nm 处，归属为 Eu^{2+} 的 4f^{6}5d—4f 跃迁[21]，样品发出橙红色光。这种不寻常的长波长激发与发射光谱是因为在 $Sr_2Si_5N_8$ 基质中，Eu^{2+} 被 N^{3-} 所包围[28-30]，N^{3-} 相较 O^{2-} 来说具有更多的形式电荷与更弱的电负性，这会导致 5d 能级更大的劈裂程度以及 5d 能级重心的下降，最终导致激发与发射光谱向长波长方向移动。笔者也研究了 Al^{3+} 和 La^{3+} 的掺杂对样品的发射光谱的影响，从图 4-18（a）中可以看到一个有趣的现象，在 400nm 激发下，$Sr_2Si_5N_8 : Eu^{2+}$ 样品只在 630nm 处有一个发射峰，而当基质中掺入 Al^{3+} 和 La^{3+} 时，发射光谱在 700~850nm 出现了另一个峰，最高峰位于 760nm 处。随着 Al^{3+} 和 La^{3+} 掺杂浓度的提高，在 760nm 处的发射峰逐渐变强，而在 630nm 处的发射峰强度逐渐降低。众所周知在 $Sr_2Si_5N_8 : Eu^{2+}$ 中具有两个不同的 Eu^{2+} 发光中心，但是从图 4-18（a）中可以看出，发射光谱具有 3 个高斯拟合峰，所以在 760nm 处的发射峰说明晶格中应该具有 3 个不同的 Eu^{2+} 的发光中心。通过发光性质的晶体场分析，当掺杂的 La^{3+} 和 Al^{3+} 进入晶格时，Eu^{2+} 周围的晶体结构会发生变化。

据上可知，掺杂 La^{3+}-Al^{3+} 离子对进入晶格会引入另一个发光中心，使得 Eu^{2+} 占据这个发光中心时可以发出最高发射峰在 760nm 左右的发射光谱，这种引入并不会使 $Sr_2Si_5N_8$ 宏观结构发生改变，只会改变 Eu^{2+} 周围的微观结构，所以样品的 XRD 峰并没有发生变化。图 4-19 是样品 $Sr_{1.95-x}La_xEu_{0.05}Si_{5-x}Al_xN_8$ 配位结构模型图，从图中可以看出样品中 La—N 的平均键长大于 Sr—N 的平均键长，这是因为 La^{3+} 的

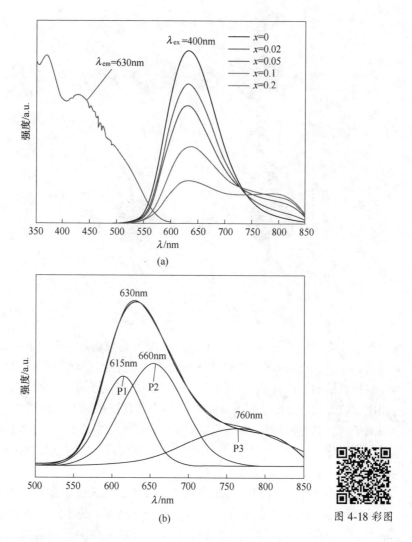

图 4-18 样品 $Sr_{1.95-x}La_xEu_{0.05}Si_{5-x}Al_xN_8(0 \leqslant x \leqslant 0.2)$ 的激发与发射光谱图(a)
和样品 $Sr_{1.9}La_{0.05}Eu_{0.05}Si_{4.95}Al_{0.05}N_8$ 的高斯拟合图(b)

半径小于 Sr^{2+} 的半径。相比于 N^{3-} 与 Sr^{2+} 成键，N^{3-} 与 La^{3+} 成键时会引入更小的共价性，也就造成了 La—N 键的结合力要小于 Sr—N 键的结合力，因此这种在激活剂 Eu^{2+} 周围共价性的变化就会导致发射光谱的变化。晶胞中心 Sr^{2+} 不仅受到周围 N^{3-} 的影响，还会受到其他邻近原子的影响，如 Si^{4+} 和外部的 Sr^{2+}。当中心 Sr^{2+} 被 La^{3+} 取代时，在中心 Sr^{2+} 周围第二层的 Si^{4+} 也被 Al^{3+} 所取代，也就形成了 $LaSiAl^{7+}$ 离子对。当形成了 $LaSiAl^{7+}$ 离子对时，La—N 键的共价性要小于外部 Sr—N 键的共价性，说明与 $x=0$ 时的 Sr—N 键相比，形成了一个更长更松弛的 La—N 键，

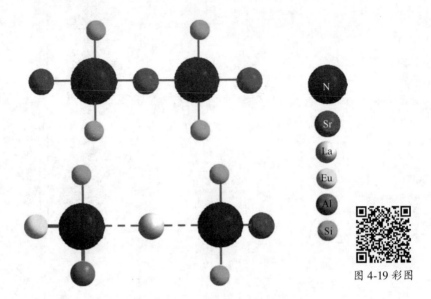

图 4-19　样品 $Sr_{1.95-x}La_xEu_{0.05}Si_{5-x}Al_xN_8$ 配位结构模型图

而得到了外部更短的 Sr—N 键。当 La^{3+} 占据中心位置的 Sr^{2+} 时，Al^{3+} 同时占据了 Si^{4+} 的位置，导致出现了外部两个不同的 Sr^{2+} 格位。这两个不同的 Sr^{2+} 格位具有不同的第二层的周围环境，分别是 $SiSi^{8+}$ 与 $AlSi^{7+}$ 离子对。与第二层为 $SiSi^{8+}$ 离子对相比，第二层为 $AlSi^{7+}$ 离子对的中心 Sr^{2+} 具有较短的 Sr—N 键。这样当引入激活剂离子时，其更倾向于占据更为紧凑键长更短的中心 Sr^{2+} 的位置，进而减小样品结构的变化，而这个位置的晶体场强度是最强的，最终导致 760nm 处的发射峰的出现。

对于 LED 设备来说，荧光粉的热猝灭性质也是其非常重要的参数[31-34]。图 4-20 是样品 $Sr_{1.95-x}La_xEu_{0.05}Si_{5-x}Al_xN_8$（$0 \leqslant x \leqslant 0.2$）的热猝灭曲线，从图中可以看出，随着温度增加，样品的发光强度降低；并且在同样的温度下，x 越大，样品的热稳定性越差。这种样品的发光强度随着温度增加而下降的现象可以通过位型坐标图来解释[35-36]。热猝灭这种非辐射跃迁主要是因为温度导致发光强度下降。猝灭温度 $T_{0.5}$（当发光强度为初始发光强度一半时的温度）是热稳定性的一个重要参数。据图 4-20，猝灭温度 $T_{0.5}$ 随着掺杂 La^{3+} 和 Al^{3+} 浓度 x 的增加而降低，说明 $Sr_{1.95-x}La_xEu_{0.05}Si_{5-x}Al_xN_8$ 固溶体的热稳定性随着 x 增加发生了下降。描述样品发光强度的热猝灭性质的公式如下[37]：

$$I_T = \frac{I_0}{1 + \dfrac{\Gamma_0}{\Gamma_v}\exp\left(-\dfrac{\Delta E}{K_B T}\right)} \tag{4-1}$$

式中,Γ_v 为 Eu^{2+} 的 5d 能级的辐射衰减速率;Γ_0 为热猝灭的速率;K_B 为玻耳兹曼常数（8.629×10^{-5} eV/K）;ΔE 为热猝灭的能量势垒。5d 能级衰减速率用下式表示:

$$\Gamma_T = \Gamma_v + \Gamma_0 \exp\left(-\frac{\Delta E}{K_B T}\right) \tag{4-2}$$

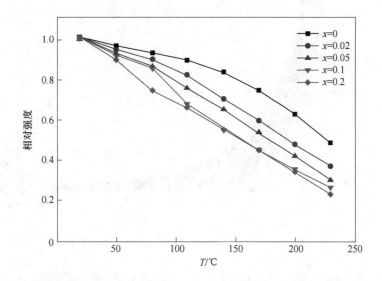

图 4-20　样品 Sr$_{1.95-x}$La$_x$Eu$_{0.05}$Si$_{5-x}$Al$_x$N$_8$(0≤x≤0.2)的热猝灭曲线

在化合物中,热猝灭的速率 Γ_0 和最大的声子频率具有相同的量级（3×10^{13} Hz 与 1000cm^{-1}声子能量相似）,Eu^{2+} 的 5d 能级的辐射衰减速率为 1.1×10^6 Hz,用这些近似值可得到下式:

$$\Delta E = \frac{T_{0.5}}{680} \quad \text{eV} \tag{4-3}$$

式（4-3）可以大概表示出猝灭温度 $T_{0.5}$ 与能量势垒 ΔE 之间的关系,式（4-3）说明掺杂越高浓度的 La^{3+} 和 Al^{3+},得到的猝灭温度 $T_{0.5}$ 和能量势垒越低。

图 4-21 是样品 Sr$_{1.95-x}$La$_x$Eu$_{0.05}$Si$_{5-x}$Al$_x$N$_8$（0≤x≤0.2）的衰减曲线,表 4-6 给出了样品 Sr$_{1.95-x}$La$_x$Eu$_{0.05}$Si$_{5-x}$Al$_x$N$_8$在 400nm 激发下 630nm 监控下的衰减曲线的拟合参数。衰减曲线可以拟合为双指数方程[38]:

$$I(t) = A_1 \exp\left(-\frac{t}{\tau_1}\right) + A_2 \exp\left(-\frac{t}{\tau_2}\right) \tag{4-4}$$

式中，I 为样品的发光强度；A_1 和 A_2 为常数；τ_1 和 τ_2 为衰减时间的指数部分。在 400nm 的监控下，随着 x 增加，样品的衰减时间分别为 1360.40ns、1232.45ns、1038.23ns、908.31ns 和 688.29ns，证明随着 La^{3+}-Al^{3+} 离子对掺杂浓度的提高，衰减时间逐渐下降。这个趋势也与上面所讨论的热猝灭性质相似，都是非辐射跃迁的过程，表现出 Eu^{2+} 对周围环境的敏感性。

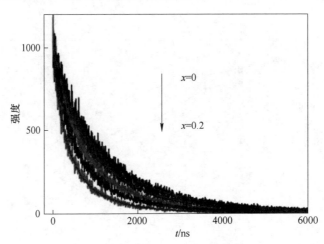

图 4-21 彩图

图 4-21 样品 $Sr_{1.95-x}La_xEu_{0.05}Si_{5-x}Al_xN_8(0 \leqslant x \leqslant 0.2)$ 的衰减曲线

表 4-6 样品 $Sr_{1.95-x}La_xEu_{0.05}Si_{5-x}Al_xN_8$ 的衰减曲线的拟合参数

样品	τ_1/ns	A_1	τ_2/ns	A_2	τ/ns
$x=0$	384.40	291.95	1461.07	744.76	1360.40
$x=0.02$	509.54	388.05	1399.86	609.97	1232.45
$x=0.05$	1240.78	521.73	423.42	503.67	1038.23
$x=0.1$	367.40	548.29	1131.02	432.60	908.31
$x=0.2$	259.52	613.56	891.87	376.04	688.29

图 4-22 是样品 $Sr_{1.95-x}La_xEu_{0.05}Si_{5-x}Al_xN_8$（$0 \leqslant x \leqslant 0.2$）的色坐标图，随着掺杂的 La^{3+} 和 Al^{3+} 浓度的提高，色坐标从（0.6107，0.3716）移动到了（0.6452，0.3441），发光颜色也从橙红色变为红色，实现了发光可调。

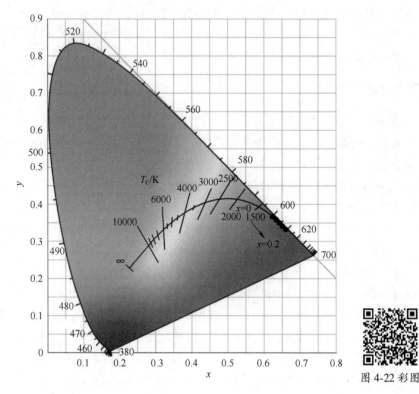

图 4-22 样品 $Sr_{1.95-x}La_xEu_{0.05}Si_{5-x}Al_xN_8(0 \leqslant x \leqslant 0.2)$的色坐标图

4.2.3 小结

（1）通过高温高压法在 N_2 中成功制备了 Eu^{2+} 掺杂的 $Sr_2Si_5N_8$ 红色发光材料，

（2）在样品中掺杂了不同浓度的 La^{3+} 和 Al^{3+}，实现了颜色可调，通过 XRD 结构精修、发光光谱分析、荧光寿命测试以及高斯拟合等手段，对样品内部局部环境的变化给出了解释与证明。

（3）最终实现了发光可调，并且可使色温降低。

4.3 红色发光材料 $Sr_2Si_5N_8$: Eu^{2+} 掺杂 Mg^{2+}发光性能的研究

4.3.1 样品的制备

按照化学计量比称取 Sr_3N_2（Aldrich，>95.0%）、Mg_3N_2（99.9%）、Si_3N_4（Aldrich，99.5%）和 $EuCl_3$（Aldrich，99.999%），按照化学计量比准确称取原

料后将原料置于玛瑙研钵中，在手套箱 N_2 气氛保护下，充分研磨至混合均匀，置于氮化硼坩埚中，在 N_2 （99.9995%）气氛 （0.2MPa）保护下于1600℃煅烧2h，而后降至室温得到样品，升降温速率均为5℃/min。

4.3.2　结果与讨论

图4-23是样品 $Sr_{1.95}Eu_{0.05}Si_5N_8$ 的结构精修图谱，黑色的交叉符号为计算值，红线为实验数据，绿色的垂线说明了出峰位置，而实验值与计算值的差值是通过底部的蓝线表示出来的，晶胞参数以及剩余因子在表4-7中给出。通过精修得知，$Sr_2Si_5N_8$ 的结构是典型的角共享结构，$Sr_2Si_5N_8$ 的晶体结构是由 ［SiN_4］ 四面体建立起来的。从图4-24垂直于 ［100］ 方向可以看出，sechser 环是由 ［Si_6N_6］ 单位构成的，而 vierer 环是由4个四面体单位连接在一起形成的，因此 $Sr_2Si_5N_8$ 化合物具有两个配位结构。图4-25是样品 $Sr_{1.95-x}Mg_xEu_{0.05}Si_5N_8$ （$0 \leqslant x \leqslant 0.2$）的 XRD 图谱，从图中可以看出 Mg^{2+} 的掺杂并没有改变样品 XRD 衍射峰的位置；插图是从26°～30°的 XRD 峰位，随着掺杂 Mg^{2+} 浓度的增加，样品的衍射峰先向大角度方向移动，当 $x > 0.05$ 时，样品衍射峰再向小角度方向移动，说明了晶格首先收缩然后再膨胀。Mg^{2+} 和 Ba^{2+} 是同一主族的元素，所以两种离子具有相同的性质，一般来说，Mg^{2+} 进入晶格中要占据 Ba^{2+} 的格位，如果 Mg^{2+} 进入晶格占据 Ba^{2+} 的格位，晶格将会收缩，这是因为 Mg^{2+} 的半径小于 Ba^{2+} 的半径。根据实验结果，笔者发现当 $0 \leqslant x \leqslant 0.05$ 时，Mg^{2+} 主要占据 Ba^{2+} 的格位使得晶格收缩，但是当 $0.05 \leqslant x \leqslant 0.2$ 时，Mg^{2+} 会进入晶格间隙中使得晶格膨胀，导致峰位向小角度方向移动。以上结果与图4-26所示基本一致。

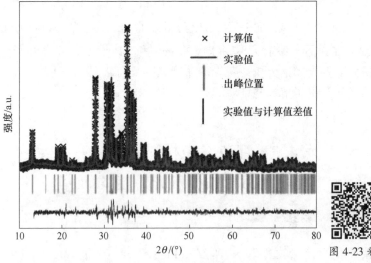

图4-23彩图

图4-23　样品 $Sr_{1.95}Eu_{0.05}Si_5N_8$ 的结构精修图谱

表 4-7 $Sr_{1.95-x}Mg_xEu_{0.05}Si_5N_8(0\leqslant x\leqslant 0.2)$ 的晶体学参数

样品	$x=0$	$x=0.02$	$x=0.05$	$x=0.1$	$x=0.2$
晶系	正交晶系				
空间群	$Pmn2_1$				
a/nm	0.57094	0.57065	0.57007	0.57088	0.57161
b/nm	0.68121	0.68031	0.67929	0.68043	0.68197
c/nm	0.93366	0.93263	0.93131	0.93377	0.93431
V/nm^3	363.13×10^{-3}	362.07×10^{-3}	360.65×10^{-3}	362.72×10^{-3}	364.22×10^{-3}

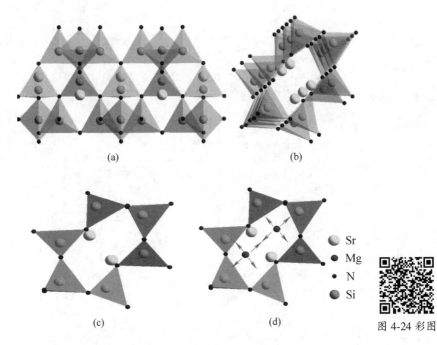

(a)   (b)

(c)   (d)

Sr
Mg
N
Si

图 4-24 彩图

图 4-24 垂直于样品 [010] 方向 $Sr_2Si_5N_8$ 的晶体结构(a)、$Sr_2Si_5N_8$ 的三维立体结构(b)、从 [100] 方向观察 $Sr_2Si_5N_8$ 的晶体结构(c)、从 [100] 方向观察 $Sr_2Si_5N_8:Mg^{2+}$ 的晶体结构(d)

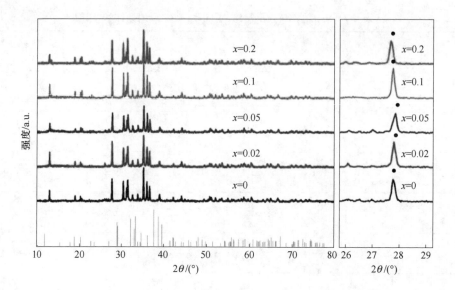

图 4-25　样品 $Sr_{1.95-x}Mg_xEu_{0.05}Si_5N_8(0 \leqslant x \leqslant 0.2)$ 的 XRD 图谱

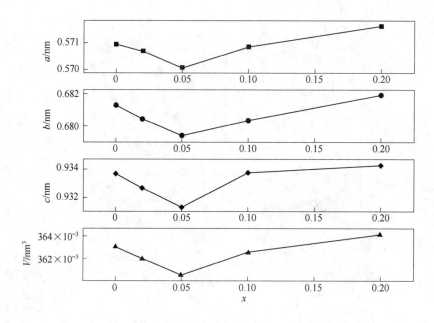

图 4-26　样品 $Sr_{1.95-x}Mg_xEu_{0.05}Si_5N_8(0 \leqslant x \leqslant 0.2)$ 的晶胞参数与
晶胞体积随着 x 变化图

图 4-27（a）与图 4-27（b）是样品 $Sr_{1.95}Eu_{0.05}Si_5N_8$ 的 SEM 图谱，样品的形貌是棒状形貌，并且其直径在 0.5~1.0μm。这种棒状形貌也经常见于高温高压法制

备的 Ca-α-Sialon 形貌中。在高温高压法制备的样品中经常出现棒状形貌，主要是因为晶体生长过程中择优取向，此种棒状形貌也会使样品的发光强度增强。图 4-27（c）与图 4-27（d）分别表示样品 $Sr_{1.95}Eu_{0.05}Si_5N_8$ 和 $Sr_{1.75}Mg_{0.2}Eu_{0.05}Si_5N_8$ 的 EDX 图谱，从图中可以看出，两种样品都含有 Sr、Si、N 和 Eu 元素，$Sr_{1.75}Mg_{0.2}Eu_{0.05}Si_5N_8$ 中还含有 Mg 元素，证明 Mg^{2+} 进入了晶格。图 4-28 是样品 $Sr_{1.95}Eu_{0.05}Si_5N_8$ 的元素分布图谱，由此图可知各个元素都分布在样品中，并且 Eu^{2+} 在样品中的分布很均匀，这对于样品的发光具有促进作用。

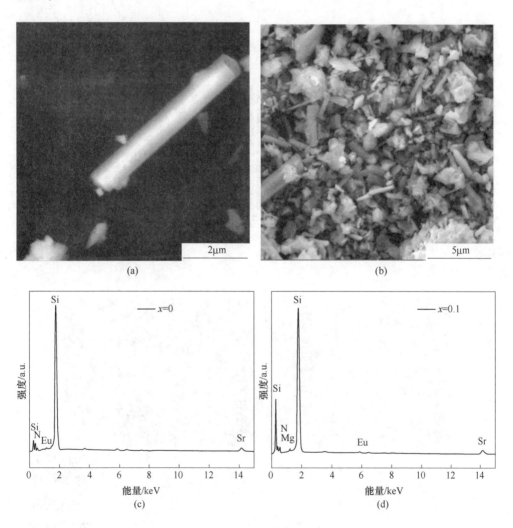

图 4-27　样品 $Sr_{1.95}Eu_{0.05}Si_5N_8$ 的 SEM 图谱（a）和（b）、样品
$Sr_{1.95}Eu_{0.05}Si_5N_8$ 和 $Sr_{1.75}Mg_{0.2}Eu_{0.05}Si_5N_8$ 的 EDX 图谱（c）和（d）

(a)　　　　　　　　　　　　(b)

(c)　　　　　　　　　　　　(d)

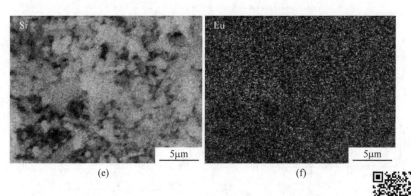

(e)　　　　　　　　　　　　(f)

图 4-28　样品 $Sr_{1.95}Eu_{0.05}Si_5N_8$ 的元素分布图谱

图 4-28 彩图

　　图 4-29（a）表示样品 $Sr_{1.95-x}Mg_xEu_{0.05}Si_5N_8$（$0 \leqslant x \leqslant 0.2$）在 630nm 监控下的激发光谱图，从图中可以看出样品的激发光谱基本一致。激发光谱包含两个激

发峰，最高峰波长分别是 368nm 和 446nm，这可以归属为 Eu^{2+}的 4f—$4f^6 5d^1$能级跃迁。图 4-29（b）表示样品 $Sr_{1.95-x}Mg_xEu_{0.05}Si_5N_8$（$0 \leqslant x \leqslant 0.2$）在 400nm 激发下的发射光谱图，从图中可以看出样品只包含一个发射峰，最高发射峰位于 630nm 处，这可以归属为 Eu^{2+} 5d—4f 能级的允许跃迁。更有趣的是，随着 Mg^{2+} 掺杂浓度的不同，样品的发光强度也会相应发生变化。随着 Mg^{2+}掺杂浓度的增加，样品的发光强度先降低接着增高；当 $x = 0.2$ 时，样品的发光强度达到最高，发光强度是没有掺杂 Mg^{2+}样品发光强度的 1.1 倍左右。样品发光强度的提高可以

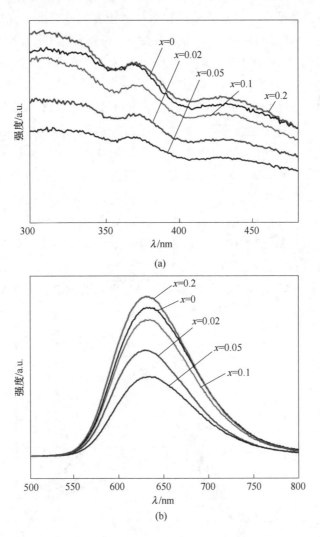

图 4-29　样品 $Sr_{1.95-x}Mg_xEu_{0.05}Si_5N_8$（$0 \leqslant x \leqslant 0.2$）在 630nm 监控下的激发光谱图（a）和
在 400nm 激发下的发射光谱图（b）

归结为如下原因：第一，当在晶格中共掺其他离子，会在共掺离子的附近引进一种挤压力，使得 Eu^{2+} 附近的晶体场发生变化，Eu^{2+} 格位的对称性也会相应降低，这样可以提高宇称选择定则并增加电子跃迁的可能性，最终导致发光强度的提高[39]。第二，Mg^{2+} 进入晶格中占据了间隙位置，Eu^{2+} 因此被掺杂进入的 Mg^{2+} 分隔开，由于 Mg^{2+} 和 Eu^{2+} 之间并没有能量传递的发生[40]，所以随着 Mg^{2+} 掺杂浓度的提高，Eu^{2+} 与相邻 Eu^{2+} 之间的距离会变大，这样会降低 Eu^{2+} 之间的相互作用，进而造成了发光强度的提高[41]。

对于 LED 设备来说，荧光粉的热猝灭性质也是其非常重要的参数。图 4-30 (a) 与图 4-30 (b) 分别表示 $Sr_{1.75}Mg_{0.2}Eu_{0.05}Si_5N_8$ 和 $Sr_{1.95}Eu_{0.05}Si_5N_8$ 在不同温度下的发射光谱图，从图中可以看出，随着温度的增加，样品的发射光谱向短波长方向移动，这是热声子辅助隧穿效应导致的。图 4-30 (c) 是样品 $Sr_{1.75}Mg_{0.2}Eu_{0.05}Si_5N_8$ 和 $Sr_{1.95}Eu_{0.05}Si_5N_8$ 的热猝灭曲线，据图可知随着温度的增加，样品的发光强度降低；并且在同样的温度下，x 越大，样品的热稳定性越差。这种样品的发光强度随着温度增加而下降的现象可以通过图 4-30 (d) 的位型坐标图来解释[42]。热猝灭这种非辐射跃迁主要是因为温度导致发光强度下降。猝灭温度 $T_{0.5}$（当发光强度为初始发光强度一半时的温度）是热稳定性的一个重要参数。从图 4-30 中看出猝灭温度 $T_{0.5}$ 随着掺杂 Mg^{2+} 浓度 x 的增加而降低，说明 $Sr_{1.95-x}Mg_xEu_{0.05}Si_5N_8$ 固溶体的热稳定性随着 x 增加而下降。描述样品发光强度的热猝灭性质的公式见式（4-2）。

据式（4-3）猝灭温度 $T_{0.5}$ 与能量势垒 ΔE 之间的关系，可知掺杂的 Mg^{2+} 浓度越高，得到的猝灭温度 $T_{0.5}$ 和能量势垒越低。

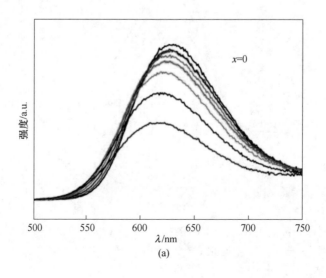

(a)

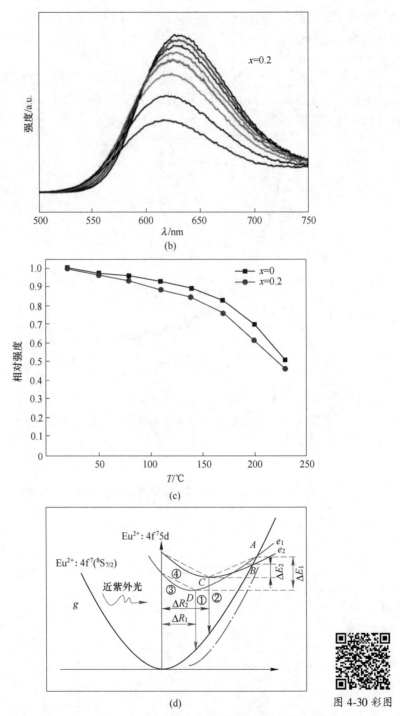

图 4-30 $Sr_{1.75}Mg_{0.2}Eu_{0.05}Si_5N_8$ 和 $Sr_{1.95}Eu_{0.05}Si_5N_8$ 在不同温度下的发射光谱图(a)和(b)、

$Sr_{1.95-x}Mg_xEu_{0.05}Si_5N_8(x=0，0.2)$的热猝灭趋势图(c)、样品的位型坐标图(d)

图 4-31 是样品 $Sr_{1.95-x}Mg_xEu_{0.05}Si_5N_8$（$0\leqslant x\leqslant0.2$）的衰减曲线，表 4-8 给出了样品 $Sr_{1.95-x}Mg_xEu_{0.05}Si_5N_8$ 在 400nm 激发下 630nm 监控下的衰减曲线的拟合参数。

在 400nm 的监控下，随着 x 增加，样品的衰减时间分别为 1500.01ns、1479.65ns、1435.99ns、1404.16ns 和 1355.63ns，说明随着 Mg^{2+} 掺杂浓度的提高，衰减时间逐渐下降。

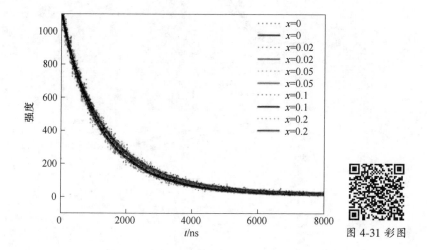

图 4-31 彩图

图 4-31　样品 $Sr_{1.95-x}Mg_xEu_{0.05}Si_5N_8$（$0\leqslant x\leqslant0.2$）的衰减曲线

表 4-8　样品 $Sr_{1.95-x}Mg_xEu_{0.05}Si_5N_8$ 的衰减曲线的拟合参数

样品	τ_1/ns	A_1	τ_2/ns	A_2	τ/ns
$x=0$	1624.75	808.79	709.65	292.25	1500.01
$x=0.02$	1584.55	851.51	580.07	271.23	1479.65
$x=0.05$	1536.22	868.63	653.18	261.56	1435.99
$x=0.1$	1534.59	807.00	630.66	331.13	1404.16
$x=0.2$	1428.28	884.50	509.05	212.96	1355.63

4.3.3 小结

(1) 通过高温高压法在 N_2 气氛中成功制备了 Eu^{2+} 掺杂的 $Sr_2Si_5N_8$ 红色发光材料，并且成功制备了没有杂质峰的单相样品。

(2) 在样品中掺杂了不同浓度 Mg^{2+}，提高了样品的发光强度，通过 XRD 结构精修、发光光谱分析、荧光寿命测试以及高斯拟合等手段，对样品发光强度的提高给出了合理解释。

4.4　本　章　小　结

(1) 通过高温高压法成功制备了 $Ca_{1.95}Eu_{0.05}Si_5N_8$ 样品，并在其中加入了不同浓度的 BaF_2。通过阳离子取代研究了样品的发光性能与热猝灭性质，样品的激发光谱覆盖了从紫外到蓝光区域，而样品的发射光谱在 400nm 的激发下是橙黄光。在 $Ca_{1.95}Eu_{0.05}Si_5N_8$ 样品中，通过掺入不同浓度的 BaF_2，使 N 与 O 的原子分数之比发生变化，进而使得 Eu^{2+} 周围晶体场发生变化，样品的发射光谱也从 608nm 红移到 622nm，并且样品的发光强度也得到了提高。详细讨论了光谱红移与发光强度提高的原因。所有这些结果说明 $Ba_{2.9-x}Ca_xEu_{0.1}Si_6O_{12}N_2$ 有潜力应用在近紫外 LED 上。

(2) 通过高温高压法成功制备了 Eu^{2+} 掺杂的 $Sr_2Si_5N_8$ 红色发光材料，在样品中掺杂了不同浓度的 La^{3+} 和 Al^{3+}，使发射光谱在 760nm 处出现另一个发射峰，实现了颜色可调，通过 XRD 结构精修、发光光谱分析、荧光寿命测试以及高斯拟合等手段，对样品内部局部环境的变化给出了解释与证明。

(3) 通过高温高压法成功制备了 $Sr_{1.95-x}Mg_xEu_{0.05}Si_5N_8$（$0 \leqslant x \leqslant 0.2$）一系列样品。掺杂适当浓度的 Mg^{2+} 会提高样品的发射强度。发射强度提高的原因是宇称选择定则增加了电子跃迁的可能性，另外 Mg^{2+} 进入晶格间隙中会使得 Eu^{2+} 之间的距离增加，导致 Eu^{2+} 与 Eu^{2+} 之间的相互作用减小，所以发光强度得到了提高。这种红色荧光材料还具有优秀的热稳定性，以上这些结果表明 $Sr_{1.95-x}Mg_xEu_{0.05}Si_5N_8$ 有潜力应用在近紫外 LED 上。

参 考 文 献

[1] BLASSE G, GRABMAIER B. Luminescent materials [M]. Berlin: Springer Science & Business Media, 2012.

[2] VAN KREVEL J, HINTZEN H, METSELAAR R, et al. Long wavelength Ce^{3+} emission in Y-Si-O-N materials [J]. Journal of Alloys and Compounds, 1998, 268 (1): 272-277.

[3] XIE R J, HIROSAKI N, MITOMO M. Oxynitride/nitride phosphors for white light-emitting

diodes（LEDs）［J］. Journal of Electroceramics, 2008, 21（1）: 370–373.

［4］ BALLATO J, LEWIS J S, HOLLOWAY P. Display Applications of Rare-Earth-Doped Materials ［J］. Mrs Bulletin, 1999, 24（9）: 51–55.

［5］ ZHANG Z, KATE O M T, DELSING A, et al. Photoluminescence properties and energy level locations of RE^{3+}（RE = Pr, Sm, Tb, Tb/Ce）in $CaAlSiN_3$ phosphors ［J］. Journal of Materials Chemistry, 2012, 22（19）: 9813–9820.

［6］ HECHT C, STADLER F, SCHMIDT P J, et al. ChemInform Abstract: $SrAlSi_4N_7$: Eu^{2+}— A Nitridoalumosilicate Phosphor for Warm White Light（pc）LEDs with Edge-Sharing Tetrahedra ［J］. Cheminform, 2009, 21（8）: 1595–1601.

［7］ XIE R J, HIROSAKI N, SUEHIRO T, et al. A simple, efficient synthetic route to $Sr_2Si_5N_8$: Eu^{2+}-based red phosphors for white light-emitting diodes ［J］. Chemistry of materials, 2006, 18（23）: 5578–5583.

［8］ ZEUNER M, HINTZE F, SCHNICK W. Low Temperature Precursor Route for Highly Efficient Spherically Shaped LED-Phosphors $M_2Si_5N_8$: Eu^{2+}（M = Eu, Sr, Ba）［J］. Chemistry of Materials, 2009, 21（2）: 336–342.

［9］ ZEUNER M, SCHMIDT P J, SCHNICK W. ChemInform Abstract: One-Pot Synthesis of Single-Source Precursors for Nanocrystalline LED Phosphors $M_2Si_5N_8$: Eu^{2+}（M: Sr, Ba）［J］. Cheminform, 2009, 21（12）: 2467–2473.

［10］ LI H L, XIE R J, HIROSAKI N, et al. Synthesis and Luminescence Properties of Orange-Red-Emitting $M_2Si_5N_8$: Eu^{2+}（M＝Ca, Sr, Ba）Light-Emitting Diode Conversion Phosphors by a Simple Nitridation of MSi_2 ［J］. International Journal of Applied Ceramic Technology, 2009, 6（4）: 459-464.

［11］ CHEN C, CHEN W, RAINWATER B, et al. $M_2Si_5N_8$: Eu^{2+}-based（M = Ca, Sr）red-emitting phosphors fabricated by nitrate reduction process ［J］. Optical Materials, 2011, 33（11）: 1585–1590.

［12］ KIM Y I, KIM K B, LEE Y H, et al. Structural chemistry of $M_2Si_5N_8$: Eu^{2+}（M = Ca, Sr, Ba）phosphor via structural refinement ［J］. Journal of Nanoscience & Nanotechnology, 2012, 12（4）: 3443–3446.

［13］ YEH C W, CHEN W T, LIU R S, et al. Origin of thermal degradation of $Sr_{2-x}Si_5N_8$: Eu_x phosphors in air for light-emitting diodes ［J］. Journal of the American Chemical Society, 2012, 134（34）: 14108–14117.

［14］ CHEN W T, SHEU H S, LIU R S, et al. ChemInform abstract: Cation-size-mismatch tuning of photoluminescence in oxynitride phosphors ［J］. Cheminform, 2012, 43（19）: 8022–8025.

［15］ LI Y Q, VAN STEEN J E J, VAN KREVEL J W H, et al. Luminescence properties of red-emitting $M_2Si_5N_8$: Eu^{2+}（M＝Ca, Sr, Ba）LED conversion phosphors ［J］. Journal of Alloys and Compounds, 2006, 417（1）: 273–279.

［16］ SHANNON R T. Revised effective ionic radii and systematic studies of interatomic distances in halides and chalcogenides ［J］. Acta Crystallographica Section A, 1976, 32（5）: 751–767.

[17] GU Y, ZHANG Q, LI Y, et al. Enhanced emission from $CaSi_2O_2N_2$: Eu^{2+} phosphors by doping with Y^{3+} ions [J]. Materials Letters, 2009, 63 (16): 1448-1450.

[18] DEXTER D L, SCHULMAN J H. Theory of Concentration Quenching in Inorganic Phosphors [J]. Journal of Chemical Physics, 1954, 22 (6): 1063-1070.

[19] VAN UITERT L. Characterization of energy transfer interactions between rare earth ions [J]. Journal of the Electrochemical Society, 1967, 114 (10): 1048-1053.

[20] ZHANG H, HORIKAWA T, HANZAWA H, et al. Photoluminescence Properties of α-Sialon: Eu^{2+} Prepared by Carbothermal Reduction and Nitridation Method [J]. Journal of the Electrochemical Society, 2007, 154 (2): 59-61.

[21] BACHMANN V, RONDA C, OECKLER O, et al. Color Point Tuning for $(Sr, Ca, Ba)Si_2O_2N_2$: Eu^{2+} for White Light LEDs [J]. Chemistry of Materials, 2009, 21 (2): 316-325.

[22] HOPPE H A, STADLER F, OECKLER O, et al. $Ca[Si_2O_2N_2]$ —A Novel Layer Silicate [J]. Angewandte Chemie International Edition, 2004, 43 (41): 5540-5542.

[23] LIU C, XIA Z, LIAN Z, et al. Structure and luminescence properties of green-emitting $NaBaScSi_2O_7$: Eu^{2+} phosphors for near-UV-pumped light emitting diodes [J]. Journal of Materials Chemistry C, 2013, 1 (43): 7139-7147.

[24] BLASSE G. Luminescence of Inorganic Solids: From Isolated Centers to Concentrated Systems [J]. Progress in Solid State Chemistry, 1988, 18 (2): 79-171.

[25] VAN KREVEL J W H, HINTZEN H T, METSELAAR R, et al. Long wavelength Ce^{3+} emission in Y-Si-O-N materials [J]. Journal of Alloys & Compounds, 1998, 268 (1): 272-277.

[26] XIE R J, HIROSAKI N, MITOMO M, et al. Strong green emission from alpha-Sialon activated by divalent ytterbium under blue light irradiation [J]. Journal of Physical Chemistry B, 2005, 109 (19): 9490-9494.

[27] XIE R J, MITOMO M, XU F F, et al. Preparation of Ca-α-Sialon ceramics with compositions along the $Si_3N_{4-1/2}Ca_3N_2$: 3AlN line [J]. International Journal of Materials Research, 2001, 92 (8): 931-936.

[28] VAN KREVEL J W H, VAN RUTTEN J W T, MANDAL H, et al. Luminescence Properties of Terbium-, Cerium-, or Europium-Doped α-Sialon Materials [J]. Journal of Solid State Chemistry, 2002, 165 (1): 19-24.

[29] XIE R J, MITOMO M, UHEDA K, et al. Preparation and Luminescence Spectra of Calcium- and Rare-Earth (R: Eu, Tb, and Pr) -Codoped α-Sialon Ceramics [J]. Journal of the American Ceramic Society, 2004, 85 (5): 1229-1234.

[30] HÖPPE H A, LUTZ H, MORYS P, et al. Luminescence in Eu^{2+}-doped $Ba_2Si_5N_8$: fluorescence, thermoluminescence, and upconversion [J]. Journal of Physics & Chemistry of Solids, 2000, 61 (12): 2001-2006.

[31] ZHANG Z, OTMAR M, DELSING A C, et al. Photoluminescence properties of Yb^{2+} in $CaAlSiN_3$ as a novel red-emitting phosphor for white LEDs [J]. Journal of Materials Chemistry,

2012，22（45）：23871-23876.

［32］ZHANG Z, DELSING A C A, NOTTEN P H L, et al. Photoluminescence properties of red-emitting Mn^{2+}-activated $CaAlSiN_3$ phosphor for white-LEDs ［J］. Electrochemical Society, 2013, 2（4）：70-75.

［33］RONDA C R, SRIVASTAVA A M. Scintillators ［M］. New York：Wiley-VCH Publishers, 2008：105-132.

［34］SHIGEC S, WILLIAM M. Phosphor handbook ［M］. Boca Raton：CRC, 1998.

［35］SHIONOYA S, YEN W. Phosphor handbook, laser & optical science & technology series ［M］. Boca Raton：CRC, 1998：35-48.

［36］KIM J S, YUN H P, SUN M K, et al. Temperature-dependent emission spectra of M_2SiO_4：Eu^{2+}（M ＝ Ca, Sr, Ba）phosphors for green and greenish white LEDs ［J］. Solid State Communications, 2005, 133（7）：445-448.

［37］DORENBOS P. Thermal quenching of Eu^{2+} 5d 4f luminescence in inorganic compounds ［J］. Journal of Physics Condensed Matter, 2005, 17（50）：8103-8111.

［38］PANG R, LI C, SHI L, et al. A novel blue-emitting long-lasting proyphosphate phosphor $Sr_2P_2O_7$：Eu^{2+}, Y^{3+}［J］. Journal of Physics & Chemistry of Solids, 2009, 70（2）：303-306.

［39］ANTIC-FIDANCEV E, HÖLSÄ J, LASTUSAARI M, et al. Dopant-host relationships in rare-earth oxides and garnets doped with trivalent rare-earth ions ［J］. Physical Review B, 2001, 64（19）：5108.

［40］YUE B, GU J, YIN G, et al. Preparation and properties of the green-emitting phosphors $NaCa_{0.98-x}Mg_xPO_4$：$Eu^{2+}_{0.02}$ ［J］. Current Applied Physics, 2010, 10（4）：1216-1220.

［41］XIE R J, HIROSAKI N, LI Y, et al. Photoluminescence of $(Ba_{1-x}Eu_x)Si_6N_8O$（0.005 ≤ x ≤ 0.2）phosphors ［J］. Journal of Luminescence, 2010, 130（2）：266-269.

［42］JIAN R, XIE R J, HIROSAKI N, et al. Nitrogen Gas Pressure Synthesis and Photoluminescent Properties of Orange-Red $SrAlSi_4N_7$：Eu^{2+} Phosphors for White Light-Emitting Diodes ［J］. Journal of the American Ceramic Society, 2011, 94（2）：536-542.

［43］XIA Z G, WANG X M, WANG Y X, et al. Synthesis, structure, and thermally stable luminescence of Eu^{2+}-doped $Ba_2Ln(BO_3)_2Cl$（Ln ＝ Y, Gd and Lu）host compounds ［J］. Inorganic Chemistry, 2011, 50（20）：10134-10142.

5 氮化物红色发光材料 $CaSiN_2$:Eu^{2+} 发光性能的研究

5.1 红色发光材料 $CaSiN_2$:Eu^{2+} 掺杂 Sr^{2+}发光性能的研究

最近 Eu^{2+} 掺杂的 $MSiN_2$（M＝Sr，Ba）被科学家们广泛关注，$MSiN_2$（M＝Sr，Ba）掺杂 Eu^{2+} 会发射出橙光到红光，这取决于 M 是 Sr^{2+} 还是 Ba^{2+}[2]。$SrSiN_2$:Eu^{2+} 发射出深红光，发射光谱最高峰在 670~685nm；而 $BaSiN_2$:Eu^{2+} 发射出橙红光，发射光谱最高峰在 600~630nm。众所周知，当 $MSiN_2$ 基质中 M 从 Ca^{2+} 到 Sr^{2+} 再到 Ba^{2+}，离子半径逐渐增大，基质也会越来越不稳定，会对空气和湿度越来越敏感[3-5]。在这三种基质中，只有 $CaSiN_2$ 具有很高的化学稳定性与热稳定性。因此从实际应用来看，只有 $CaSiN_2$:Eu^{2+} 可以作为白光 LED 荧光粉。目前研究认为 $CaSiN_2$ 存在两种不同结构，分别是立方晶系与正交晶系[1,6-8]。与 $Ca_2Si_5N_8$[9] 相似，$CaSiN_2$ 的三维结构也是由角分享的 SiN_4 四面体组成的。从图 5-1 中可以看出，

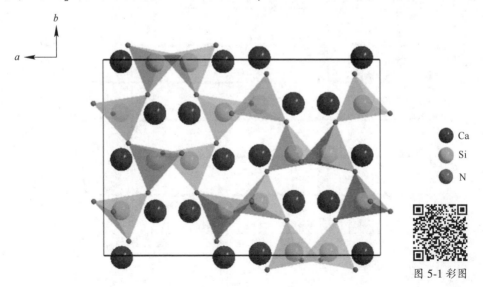

图 5-1 彩图

图 5-1 $CaSiN_2$结构示意图

在晶体中有两种不同的由 SiN_4 四面体组成的六元环。而两种 Ca^{2+} 也分别位于这两种不同的 SiN_4 四面体组成的六元环中。Ca1 与 5 个 N 原子直接相连，而 Ca2 与 6 个 N 原子相连。Ca—N 键的平均长度在 $0.2459\sim0.2617nm$。当在 $CaSiN_2$ 基质中掺杂 Eu^{2+} 时，样品发出红光，最高峰位于 620nm 左右。

本章为了改进目前紫外芯片用 $CaSiN_2$：Eu^{2+} 红色荧光粉，针对其发光强度较低的问题，对 Eu^{2+} 掺杂 $CaSiN_2$ 结构做了详细研究，主要研究了 Sr^{2+} 掺杂 $CaSiN_2$：Eu^{2+} 荧光粉的发光性能及其发光增强的原因。

5.1.1　$CaSiN_2$：Eu^{2+}，Sr^{2+} 的制备

按照化学计量比称取 Sr_3N_2（Aldrich，$>95.0\%$）、Ca_3N_2（Aldrich，$>95.0\%$）、Si_3N_4（Aldrich，99.5%）和 $EuCl_3$（Aldrich，99.99%），按照化学计量比准确称取原料后将原料置于玛瑙研钵中，在手套箱 N_2 气氛保护下，充分研磨至混合均匀，置于氮化硼坩埚中，在 N_2（99.9995%）气氛（0.2MPa）保护下于 1550℃煅烧4h，而后降至室温得到样品，升降温速率均为5℃/min。

5.1.2　结果与讨论

图 5-2 是样品 $Ca_{0.99-x}Sr_xEu_{0.01}SiN_2$ 的 XRD 图谱，从图中可以看出 Sr^{2+} 的掺杂并没有改变样品的单相性，插图是从 $32°\sim35°$ 的 XRD 峰位，随着掺杂 Sr^{2+} 浓度的增加，样品的衍射峰向小角度方向移动，说明晶格随着 Sr^{2+} 的加入而发生了膨

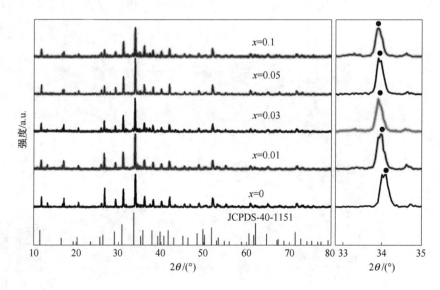

图 5-2　$Ca_{0.99-x}Sr_xEu_{0.01}SiN_2$ 的 XRD 图谱

胀。Ca^{2+}和 Sr^{2+}是同一主族的元素，所以两种离子具有相似的性质，一般来说，Sr^{2+}进入晶格中要占据 Ca^{2+}的格位，如果 Sr^{2+}进入晶格占据 Ca^{2+}的格位，晶格将会膨胀，这是因为 Ca^{2+}的半径小于 Sr^{2+}的半径。

图 5-3（a）与图 5-3（b）分别表示样品 $Ca_{0.99-x}Sr_xEu_{0.01}SiN_2$（$x=0$，0.1）的 SEM 图谱，样品的形貌是棒状形貌，并且其直径在 $1\sim5\mu m$。这种棒状形貌也经常见于高温高压法制备的 Ca-α-Sialon 的形貌中。在高温高压法制备的样品中经常出现棒状形貌，主要是晶体生长过程中择优取向的原因，此种棒状形貌会使样品的发光强度增强。图 5-3（c）与图 5-3（d）分别为样品 $Ca_{0.89}Sr_{0.1}Eu_{0.01}SiN_2$ 和 $Ca_{0.99}Eu_{0.01}SiN_2$ 的 EDX 图谱，从图中可以看出，两种样品都含有 Ca、Si、N 和 Eu 元素。$Ca_{0.89}Sr_{0.1}Eu_{0.01}SiN_2$ 中还含有 Sr 元素，证明 Sr^{2+}进入了晶格中。

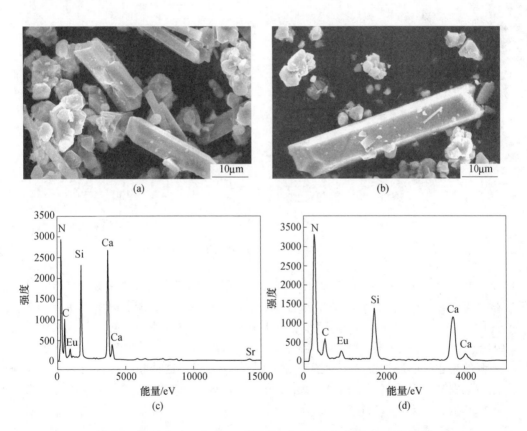

图 5-3 样品 $Ca_{0.99-x}Sr_xEu_{0.01}SiN_2$（$x=0$，0.1）的 SEM 与 EDX 图谱

图 5-4 是样品 $Ca_{0.99-x}Sr_xEu_{0.01}SiN_2$（$0 \leqslant x \leqslant 0.2$）在 400nm 激发下的发射光谱图，从图中可以看出样品只包含一个发射峰，最高发射峰位于 620nm 处，这可

以归属为 Eu^{2+} 5d 能级到 4f 能级的允许跃迁。随着 Sr^{2+} 掺杂浓度的不同,样品的发光强度也会相应发生变化。随着 Sr^{2+} 掺杂浓度的增加,样品的发光强度逐渐增高,当 $x=0.1$ 时,样品的发光强度达到最高。随着 Sr^{2+} 掺杂浓度继续增加,样品发光强度开始下降。样品发光强度的提高可以归结为以下原因:第一,Sr^{2+} 的加入会使得样品中更多的 Eu^{3+} 还原为 Eu^{2+},进而导致发光强度增加。第二,Sr^{2+} 的半径大于 Ca^{2+} 的半径,所以 Eu^{2+} 被掺杂进入的 Sr^{2+} 分隔开。由于 Sr^{2+} 和 Eu^{2+} 之间并没有能量传递的发生[10],所以随着 Sr^{2+} 掺杂浓度的提高,Eu^{2+} 与相邻 Eu^{2+} 之间的距离会变大,这样会降低 Eu^{2+} 之间的相互作用,进而造成了发光强度的提高[11]。

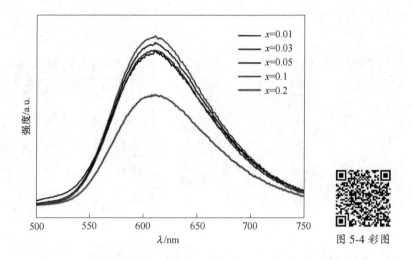

图 5-4 彩图

图 5-4 样品 $Ca_{0.99-x}Sr_xEu_{0.01}SiN_2$ 的发射光谱图

对于 LED 设备来说,荧光粉的热猝灭性质也是其非常重要的参数。图 5-5 是样品 $Ca_{0.99-x}Sr_xEu_{0.01}SiN_2$ 的热猝灭曲线,从图中可以看出,随着温度的增加,样品的发射光谱向短波长方向移动,这是热声子辅助隧穿效应导致的;并且在同样的温度下,x 越大,样品的热稳定性越差。这种样品的发光强度随着温度增加而下降的现象可以通过位型坐标图来解释[12-13]。热猝灭这种非辐射跃迁主要是温度导致发光强度下降。通过 Arrhenius 公式得知掺杂越高浓度的 Sr^{2+},热力学激活能越低,并会导致热稳定性下降。

5.1.3 小结

(1)通过高温高压法在 N_2 气氛中成功制备了 Eu^{2+} 掺杂的 $CaSiN_2$ 红色发光材料,并且成功制备了没有杂质峰的单相样品。

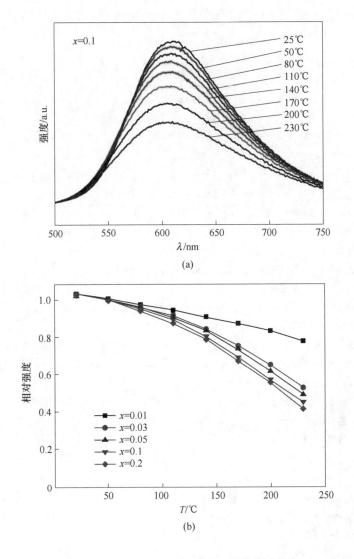

图 5-5 样品 $Ca_{0.99-x}Sr_xEu_{0.01}SiN_2$ 的热猝灭曲线

（2）在样品中掺杂了不同浓度的 Sr^{2+}，提高了样品的发光强度，通过 XRD 结构精修，发光光谱分析等手段，对样品发光强度的提高给出了合理解释。

5.2 本 章 小 结

通过高温高压法成功制备了 $CaSiN_2$ 样品。通过阳离子取代研究了样品的发光性能与热猝灭性质，样品在 400nm 的激发下呈现红光发射。在 $Ca_{0.99}Eu_{0.01}SiN_2$

样品中，通过掺入不同浓度的 Sr^{2+}，会使更多的 Eu^{3+}还原为 Eu^{2+}，最终导致发光强度的提高，掺杂样品也具有非常好的热稳定性。

参 考 文 献

[1] LEE S S, LIM S, SUN S S, et al. Photoluminescence and electroluminescence characteristics of CaSiN$_2$：Eu phosphor ［C］. Far East and Pacific Rim Symposium on Smart Materials, Structures, and MEMS, 1997：75-83.

[2] DUAN C, WANG X, OTTEN W, et al. Preparation, electronic structure, and photoluminescence properties of Eu^{2+}-and Ce^{3+}/Li$^+$-activated alkaline earth silicon nitride MSiN$_2$ (M= Sr, Ba) ［J］. Chemistry of Materials, 2008, 20 (4): 1597-1605.

[3] GÁL Z A, MALLINSON P M, ORCHARD H J, et al. Synthesis and structure of alkaline earth silicon nitrides：BaSiN$_2$, SrSiN$_2$, and CaSiN$_2$ ［J］. Inorganic Chemistry, 2004, 43 (13): 3998-4006.

[4] NESPER F, OTTINGER R. Synthesis and Structure of CaSiN$_2$ ［J］. Acta Crystallographica, 2002, 58: 982-984.

[5] MORGAN P E D. X-ray powder diffraction pattern and unit cell of BaSiN$_2$ ［J］. Journal of Materials Science Letters, 1984, 3 (2): 131-132.

[6] ROUXEL T, DÉLY N, SANGLEBOEUF J C, et al. Structure-property correlations in Y-Ca-Mg-Sialon glasses：Physical and mechanical properties ［J］. Journal of the American Ceramic Society, 2005, 88 (4): 889-896.

[7] GROEN W A, KRAAN M J, WITH G D. New ternary nitride ceramics：CaSiN$_2$ ［J］. Journal of Materials Science, 1994, 29 (12): 3161-3166.

[8] LI Y Q, HIROSAKI N, XIE R J, et al. Crystal, electronic and luminescence properties of Eu^{2+}-doped Sr$_2$Al$_{2-x}$Si$_{1+x}$O$_{7-x}$N$_x$ ［J］. Science and Technology of Advanced Materials, 2007, 8 (7): 607-616.

[9] CHEN C, CHEN W, RAINWATER B, et al. M$_2$Si$_5$N$_8$：Eu^{2+}-based (M = Ca, Sr) red-emitting phosphors fabricated by nitrate reduction process ［J］. Optical Materials, 2011, 33 (11): 1585-1590.

[10] YUE B, GU J, YIN G, et al. Preparation and properties of the green-emitting phosphors NaCa$_{0.98-x}$Mg$_x$PO$_4$：Eu$^{2+}_{0.02}$ ［J］. Current Applied Physics, 2010, 10 (4): 1216-1220.

[11] XIE R J, HIROSAKI N, LI Y, et al. Photoluminescence of (Ba$_{1-x}$Eu$_x$)Si$_6$N$_8$O (0.005≤x≤0.2) phosphors ［J］. Journal of Luminescence, 2010, 130 (2): 266-269.

[12] KIN J S, YUN H P, SUN M K, et al. Temperature-dependent emission spectra of M$_2$SiO$_4$：Eu^{2+} (M = Ca, Sr, Ba) phosphors for green and greenish white LEDs ［J］. Solid State Communications, 2005, 133 (7): 445-448.

[13] JIAN R, XIE R J, HIROSAKI N, et al. Nitrogen Gas Pressure Synthesis and Photoluminescent Properties of Orange-Red SrAlSi$_4$N$_7$：Eu^{2+} Phosphors for White Light-Emitting Diodes ［J］. Journal of the American Ceramic Society, 2011, 94 (2): 536-542.